普通高等教育"十三五"规划教材（软件工程专业）

软件工程（第二版）

曾强聪　赵　歆　阳王东　编　著

中国水利水电出版社
www.waterpub.com.cn

·北京·

内 容 提 要

软件工程是软件研发与维护的工程方法学。本书较好地体现了软件工程的实用性，有较完整的软件工程知识体系。

全书共 10 章内容：第 1 章至第 3 章是软件工程基础，涉及软件工程概念方法、软件项目管理、软件开发过程模式等内容；第 4 章至第 7 章是软件工程基于开发过程的细节说明，涉及软件分析、软件设计、软件测试、软件维护等内容；第 8 章和第 9 章是软件工程主流方法说明，涉及结构化工程方法、面向对象工程方法等诸多工程方法；第 10 章简要介绍了面向对象工程案例，内容有系统分析、系统设计、程序框架清单等。

本书语言精简、通俗易懂、便于自学，而且教学资源完备，书中案例均已基于主流软件工具（Rose、Visio、PowerDesigner）建立模型，可作为教学或自学资源供读者参考（可与出版社或作者联系获取）。

本书可作为高校相关专业本科生、研究生的教材，也可作为软件开发人员的技术参考书，还可供广大读者自学软件工程方法。

图书在版编目（Ｃ Ｉ Ｐ）数据

软件工程 / 曾强聪，赵歆，阳王东编著. -- 2版
. -- 北京 ：中国水利水电出版社，2018.12（2024.1 重印）
普通高等教育"十三五"规划教材. 软件工程专业
ISBN 978-7-5170-7245-4

Ⅰ. ①软… Ⅱ. ①曾… ②赵… ③阳… Ⅲ. ①软件工程－高等学校－教材 Ⅳ. ①TP311.5

中国版本图书馆CIP数据核字(2018)第291606号

策划编辑：周益丹	责任编辑：张玉玲	封面设计：李 佳

书 名	普通高等教育"十三五"规划教材（软件工程专业） **软件工程（第二版）** RUANJIAN GONGCHENG
作 者	曾强聪 赵 歆 阳王东 编 著
出版发行	中国水利水电出版社 （北京市海淀区玉渊潭南路 1 号 D 座　100038） 网址：www.waterpub.com.cn E-mail：mchannel@263.net（答疑） 　　　　sales@mwr.gov.cn 电话：（010）68545888（营销中心）、82562819（组稿）
经 售	北京科水图书销售有限公司 电话：（010）68545874、63202643 全国各地新华书店和相关出版物销售网点
排 版	北京万水电子信息有限公司
印 刷	三河市鑫金马印装有限公司
规 格	184mm×260mm　16 开本　16 印张　388 千字
版 次	2014 年 11 月第 1 版　2014 年 11 月第 1 次印刷 2018 年 12 月第 2 版　2024 年 1 月第 3 次印刷
印 数	3001—4000 册
定 价	35.00 元

凡购买我社图书，如有缺页、倒页、脱页的，本社营销中心负责调换

第二版前言

本书第一版出版至今已经 5 年，产生了较好的教学效果。为了更好地服务教学，本书对第一版内容进行了必要的增补与修订，并考虑到实际教学需要对内容进行了重新组织与章节调整，但保留了第一版既有的系统性与实用性风格，如重视软件工程概念的说明，通过工程案例说明工程方法应用。

全书共 10 章内容：

第 1 章～第 3 章是软件工程基础，涉及软件工程概念方法、软件项目管理、软件开发过程模式等内容，对软件工程基于工程概念、项目进程、任务特征等进行了全局性说明，以使学习者在学习初期，就对软件工程有初步的较全面的认识，并以此获得较强的软件工程意识，能够尽早地以软件工程思维方式去看待软件开发问题。

第 4 章～第 7 章是软件工程基于开发过程的任务细节说明，涉及软件分析、软件设计、软件测试、软件维护等内容。这是软件开发必然需要涉及的几项基本任务，每项任务都有特定目标，都要求有预期成果。实际上，这个顺序与软件工程课程实践是保持一致的。

第 8 章、第 9 章是对软件工程主流方法的说明，涉及结构化工程方法、面向对象工程方法等诸多工程方法。第 8 章是结构化工程方法，这是一种早期传统的软件工程方法，特点是以功能为问题源头，并以实现功能为目标。第 9 章是面向对象工程方法，这是一种更接近现实世界的软件工程方法，基于现实世界进行实体抽象，并通过对象实例演绎现实实体。

第 10 章则简要介绍了面向对象工程案例，内容有系统分析、系统设计、程序框架清单等。

本书语言精简、通俗易懂、便于自学，而且教学资源较完备。书中案例都已基于主流软件工具（Rose、Visio、PowerDesigner）建立模型，可作为教学或自学资源供读者参考（可与出版社联系获取）。

本书可作为高校相关专业本科生、研究生的教材，也可作为软件开发人员的技术参考书，并可供广大读者自学软件工程方法。

编　者
2018 年 9 月

第一版前言

软件工程是关于软件产品研发与维护的工程方法学，是软件开发者——软件项目负责人、软件分析师、软件设计师、软件程序员、软件测试员研发与维护软件时的作业指南。

20世纪60年代，软件产业发展遭遇到了危机，出现了软件研发成本、进度难以控制，软件产品不能满足用户需求，软件程序容易出错、难于维护等诸多危机现象。这样的软件危机引发了软件研发者的心理恐慌，软件工程即诞生于这样的背景之下，其谋求对软件研发维护能有方法上的指导，能有规则上的约束，以使得面对有待研发的复杂软件系统，软件开发者能更具预见力与自信心。

软件工程影响着软件产业的发展，软件工程人才已越来越受到软件业界的重视。可以看到的是，当前的软件工程师已代替了早期的软件程序员成为了软件研发中的技术骨干。然而，软件产业的发展不只是要求软件工程师需要具备软件工程知识与技能，还要求软件研发的所有参与者——技术人员、管理人员、产品客户都应该具备一定的软件工程知识与技能，由此软件工程规则方法才能更顺利地得以应用。

软件工程在随软件产业的发展而进步。目前软件工程已是计算机科学领域中的一个重要分支，其已有了结构化、面向对象等比较成熟的工程方法学体系，并已有了对技术、管理、经济的比较全面的工程方法支持。然而，直至今天，软件工程还处于成长过程中，仍然非常年轻，需要工程探索，需要逐步完善。

软件工程的真正价值在于工程应用与产生工程实效。本书编写即充分考虑到了软件工程的实用性，有对软件工程概念、规则的生动说明，有与工程实践相适应的基于软件生存周期的内容编排，并有基于工程案例的工程方法应用指导。

本书内容由三个部分共16章组成。

第一部分是工程基础（第1、2章），涉及软件工程概况与软件项目管理两个方面的内容。我们认为要学好软件工程，首要的问题是学习者能对软件工程有一个好的学习态度，这个部分即用于培养与树立学习者的工程意识，并因此激发起学习者的工程学习热情。

第二部分是工程过程（第3~9章），涉及一些主流的过程模式，并以软件生存周期为线索，对软件研发全过程进行了细节说明，包括软件需求分析、软件概要设计、程序算法设计、软件测试、软件维护与进化等内容。我们认为，以软件生存周期为线索的内容编排将有利于基于软件项目的工程实践与学以致用。

第三部分是工程方法（第10~16章），既包括主流的结构化工程方法、面向对象工程方法、数据库工程方法，也涉及一些非主流的工程方法，如敏捷工程方法、净室工程方法等。诸多方法都通过案例进行了应用说明。这个部分的核心内容是面向对象工程方法，有比较全面的基于UML的建模说明。第16章是一个较完整的面向对象工程案例，不仅有基于UML的分析设计建模，并通过C++、Java进行工程创建。

本书的重点是软件分析与设计，并主要体现在分析设计建模上。对于分析设计建模，本书有以下方面的教学考虑，这有利于学习者更好地把握建模方法：

（1）学习建模不能仅限于识别图形元素或看懂图表，而应该学会如何基于一定的流程，并通过一定的建模方法，对软件问题进行模型演变，由此使软件问题得到解决。因此，本书中无论结构化建模还是面向对象建模，其都有较好的基于案例的由分析到设计的全过程推演，以反映软件系统构建的严密性。

（2）结构化分析中的数据流细化建模一直是一个学习难点，其实它也是一个实际建模中的应用难点，即不知道如何进行功能细化。对此，本书基于功能树的功能逐级分解，可使这个难点得到较好的处理，其具有教学意义，同时也有一定的工程参考价值。

（3）统一开发过程中的面向对象建模是基于用例驱动的，由此可使对系统的业务分析能延伸到系统的结构设计、过程设计、界面设计、安装部署。然而，以往的大多数教科书，仅局限于纲领性说明，而无实际建模演示，因此也就看不到用例驱动的实际价值。对此，本书有较好的基于案例的用例驱动建模过程说明，如分析中基于用例的活动建模，设计中基于用例的类结构建模、对象协作建模，诸多案例无不体现出用例驱动的价值。

一些初学者认为，软件工程是教条式理论。然而，它却不应该成为教条，只是有可能出现教条式教学。实际上，软件工程有很强的工程实践性，其一系列的方法规则就建立在工程实践基础上。无疑，这个实践性必然会对软件工程的教学提出要求，这就是有用、能用、实用。显然，经过软件开发者长期的实践与努力探索而获得的工程方法肯定是有用的，值得认真学习。然而，有用还只能体现出软件工程的知识特性，若要使这些知识转化为学习者的能力，则必须能用。通常的看法是，案例教学有利于培养学习者能力。本书提供了较丰富的案例，其目的就在于培养学习者的能力，以使书中的知识能够被用起来。软件工程教学还要求实用，可用来解决实际问题。对此，可采取项目方式进行工程实践，这有利于知识、能力与实际应用的结合，由此可使软件工程学习具备实用性。

还需要注意的是，基于项目的工程实践的成效依赖于教师的精心组织。我们的建议是，可 3～5 人一组进行项目实践，并以组为单位进行整体评价，但各成员应有特定任务，以方便对各成员作个体评价。这种教学模式的好处是，既可考察学习者的团队协作，又可体现学习者的个人学习成就。还由于是团队合作学习，有利于调动学习者的工程实践热情，能产生更好的工程实践效果。

本书主要由曾强聪、赵歆编写，阳王东、刘震、周新民、刘娜承担了部分内容的编写工作。无疑，本书的创作是一件非常耗费心力的事情。首先是结构，它应该是严谨的。接着是语言，其应该既严密又畅快，以便于阅读，并能尽量吸引学习者去阅读。接下来就是取舍内容、定义概念、描述方法、设计案例等。

实际上，本书中的每一个细节都经过反复推敲，因为毕竟是教科书，很担心因工作疏忽而给学习者带来误导。然而，由于作者学识水平与时间都是有限的，因此书中难免有一些缺点和不足，对此特请广大读者批评指正，以使本书再版时能够不断完善。值得庆幸的是，软件工程仍在不断发展，因此本书的再版与完善也是一件很自然的事情。

编　者
2014 年 9 月

目　　录

第 1 章　软件工程综述

软件工程是工程化软件开发与维护的方法论。软件的开发者、维护者或软件项目管理者都将是软件工程的实践者，并都需要掌握与应用软件工程方法。软件工程应用依赖于工程实践者的工程意识，即工程实践者基于工程方法考察软件问题的自觉性。

- 软件工程及其发展
- 软件特点与分类
- 软件危机现象与原因
- 工程技术与工程管理
- 主流工程方法学

1.1　什么是软件工程

软件工程是关于软件开发、使用与维护的工程方法学，是一门涉及工程技术、工程管理与工程经济等诸多内容的综合性工程学科。软件工程建立在与软件有关的工程概念、原理与方法基础上，它是对现实软件问题的工程方法探索，具有鲜明的工程实用性。

软件工程是软件产业发展的必由之路。通常看来，软件产业的发展涉及软件技术的进步、软件应用域的拓宽、软件生产方式的改进，其犹如三匹骏马，拉动着软件在产业化大道上奔驰。

大体上看，软件的产业化发展经历了程序设计、程序系统和软件工程三个时代。

程序设计时代（20 世纪 50 年代）是软件发展的早期阶段，此时的软件仅体现为程序，一般使用密切依赖于某特定计算机硬件的机器语言或汇编语言，直接面对机器编制。因此，此时的程序很难由一台设备移植到另一台设备。此时的程序则主要用于科研机构的科学工程计算，设计中通常没有设计文档的支持，而且程序的任务单一、规模小、结构简单，其主要设计问题是程序算法改进。此时的程序还没有成为产品，程序编制者大多就是程序使用者，基本上是个人设计、个人使用、个人操作、自给自足的个性化的软件生产方式。实际上，由于缺乏统一的程序标准，设计者完全可以按照自己对问题的理解去构造程序，目标则是实现功能与追求高性能，硬件是唯一需要重视的条件限制，此外则似乎再无其他原则性约束。

程序系统时代（20 世纪 60 年代）是软件产业发展的关键阶段，此时的计算机无论是硬件还是软件都出现了显著的进步。体现计算机硬件指标的半导体材料、集成电路迅速发展，并获得了很有成效的应用，其不断改善计算机的计算速度、可靠性和存储容量。计算机软件也在迅速发展，高级程序语言获得了有效的应用，其提高了编程效率，并方便了大规模复杂程序系统的创建。操作系统也在这个时期出现了，其有效地改善了软件的工作环境，并使软件具有了很好的可移植性。程序系统时代的技术进步有力地推动了计算机应用的发展。一些大型商业机构开始使用计算机进行商业数据处理。应该说，这个时期的软件需求在飞速增长，软件规模也在不断扩大。"软件作坊"在这个时期应运而生，它们专业从事软件生产，以满足迅速膨胀的软件需求。

程序系统时代出现了软件危机。软件作坊带来了不同于个人开发的工业化软件产品，但仅仅只是工业化软件生产的起步，成员合作需要依赖的行为准则、技术标准并没有建立起来，以致产品随意性大、质量难以保证。

应该说，软件产业发展过程中爆发的软件危机促进了软件工程的快速成长。1968 年在前联邦德国召开的计算机国际会议上，来自原北大西洋公约组织的计算机科学家针对软件危机问题进行了专题讨论。软件工程这个学术名词也在本次学术会议上被正式提出，其用来代表基于工程模式的软件开发，以谋求对软件危机的有效克服。

软件工程使身处软件危机黑暗中的软件开发者看见了曙光，并使软件产业发展步入到了软件工程时代（20 世纪 70 年代起）。无须质疑的是，软件的产业化发展也确实需要有软件工程方法的支持。实际上，自从软件成为了工业化产品，它所面临的就已不只是软件技术问题了，还必须考虑如管理、经济、应用等其他因素。软件工程即是基于工程角度对有关软件的诸多因素的综合考虑。

软件工程的最核心问题是，如何更有效率并更高质量地开发软件，其作用范围则贯穿于自软件的最初定义，到软件的开发实现，直到软件的使用与维护的整个软件生命过程。因此，无论是软件开发者，或是软件维护修复者，还是软件使用者，都有可能成为软件工程实践者。

有许多人在专门从事软件工程研究，他们是专业的软件工程研究者，一直在探讨如何给软件工程下一个恰如其分的定义，以使该学科研究有一个较为明确的发展目标。

20 世纪 60 年代末，软件工程早期研究者 FritZ Baner 给软件工程的定义是："为了经济地获得能在实际机器上可靠运行的软件，而需要合理建立，并有效应用的工程原则"。显然，这是一个在今天看来很不全面的定义，其工程特征仅体现为工程原则。但该定义把软件工程学科研究中所将面临的实质问题提出来了，即软件的成本、质量和生产应该采用的工程方法，因此，该定义成为了以后软件工程方法学成长发展的基线。

1993 年，国际权威机构 IEEE 给出了关于软件工程的更加全面的定义，即"软件工程是：①将系统的、受规范约束的、可量化的方法应用于软件的开发、运行与维护，即将工程方法应用于软件；②对①中工程方法的研究"。应该说，这个定义对软件工程的工程学科特性有了更完整清晰的表述，如对软件工程的作用范围、软件工程基于工程应用的研究途径等都有了比较具体的说明。

1.2　软件有什么特点

计算机系统由硬件和软件两部分组成。硬件是物理部件，如处理器、存储器、主板总线，具有一定的物理形态，能够独立存在。软件则是物理硬件以外的逻辑部件，如程序、数据、文档，抽象无形，不能独立存在。

软件工程需要研究如何更有成效地研发软件、维护软件，要达到这个目标，则必然需要对软件有很好的认识。

20 世纪 50 年代，计算机主要用于解决复杂科学工程计算问题，核心问题是计算过程，因此，这时的软件就是程序指令。20 世纪 60 年代，为了适应计算机的大批量数据处理应用，数据从早期程序中分离出来，因此，软件又多了数据这个逻辑要素。20 世纪 70 年代，为了适应软件系统的工程模式研发，用于描述软件结构、说明软件使用的软件文档又成为了需要独立对待的新的软件要素。

因此，软件是由程序、数据、文档三个部分组成的。

1.2.1　软件特点

将软件与硬件进行比较，从中可以发现软件具有以下方面的特点：

1. 软件有对硬件不可缺失的依赖

任何时候，软件都离不开硬件的支持。显而易见的是，必须要有磁盘、光盘、磁带这些有形的物理介质，抽象的逻辑软件才能存储；必须要有 CPU、内存的支持，抽象的逻辑软件才能进行物理运行；必须要有键盘、鼠标、显示器、打印设备的支持，软件中的抽象数据才能有物理的输入、输出。

2. 软件有不同于硬件的生产流程

软件不是制造出来的，而是开发出来的。硬件生产的最大成本是复杂的制造工艺，而软件生产的最大成本则是分析与设计。例如，产品质量监控，硬件主要体现为对产品制造工艺的流程监控，而软件则主要体现为对产品的分析设计的流程监控。

软件生产还有不同于硬件生产的资源需求。通常，硬件生产对原材料、能源、生产设备等有较高的依赖度，并难免对周围环境带来污染。软件生产则主要依赖于人的智慧，而对原材料、能源、生产设备等有很低的依赖度，不会给周围环境带来污染。

3. 软件有不同于硬件的生命过程

硬件在使用过程中往往会经历磨合期、正常使用期、老化期三个阶段。

- 磨合期：最初使用阶段。由于硬件中的一些难以预料的缺陷，这个阶段往往会有一个相对较高的故障频率。
- 正常使用期：硬件在磨合之后的一个较长的稳定工作过程，故障频率相对较低。
- 老化期：硬件寿命接近终点时的阶段。由于长久使用，硬件将出现过度磨损，因此，故障频率会越来越高，并逐渐失效而不能工作。

图 1.1 所示为硬件的生命过程曲线。显然，高质量的硬件产品应该具有较低的磨合期故障频率与较长久的正常使用期。

软件也有类似于硬件的磨合期与正常使用期。

软件磨合期的高故障频率通常由软件中隐藏的错误或缺陷所致，并随着这些错误或缺陷的排除而进入正常使用期。然而，软件是用不坏的，因此不会出现磨损现象。实际上，只要软件的工作环境没有变化，并且软件本身不作改动，则在其进入正常使用期后，可以一直使用下去。

软件无被动磨损，但软件可以主动进化。通常，软件在使用一定周期后，需要通过改版进化而获得新的生命力，以使软件能适应新的工作环境，能提供新的更完善的应用服务。必须注意的是，软件可以因改版进化而引入新的错误或新的缺陷，并使软件需要重新经历磨合期。

图 1.2 所示为软件的生命过程曲线。显然，如同硬件一样，高质量软件也应该具有较低的磨合期故障频率与较长久的正常使用期。

图 1.1　硬件产品生命过程曲线

图 1.2　软件产品生命过程曲线

1.2.2　软件分类

软件分类有利于更好地认识软件。然而，同一个软件可以有多个不同的认识视角，如技术人员视角、管理人员视角、用户视角，因此，也就可以按不同方式进行分类。

1.　按功能层次分类

软件可以依据功能地位而分为系统软件、支撑软件与应用软件，其关系如图 1.3 所示。

图 1.3　系统软件、支撑软件与应用软件之间的关系

（1）系统软件：为计算机底层软件，如操作系统、设备驱动程序、数据库引擎等。系统软件的特点是与计算机硬件紧密相关，并通过与硬件的频繁交互而对其他软件的运行提供底层

服务支持。例如，操作系统建立在硬件环境基础上，并通过文件服务、进程服务、存储服务而给其他软件提供更加适宜的运行环境。

（2）支撑软件：介于系统软件与应用软件之间。工具软件是最常见的支撑软件，如程序编译器、程序编辑器、错误检测程序、程序资源库等。中间件软件也是支撑软件，根据用途不同可以分为：数据中间件、对象中间件、通信中间件。可以通过中间件的嵌入、组合或二次开发构造应用软件。

（3）应用软件：为最终用户提供应用服务的软件，通常由工具软件开发，并依靠系统软件的支持运行，如财务处理系统、生产控制系统、自动办公系统等。早期的应用软件大多为离散结构，功能相互独立。但目前的应用软件则一般为多功能集成系统，如企业资源管理系统，它集成企业中的各种资源的管理与协调，涉及人力、设备、资金、客户、原材料、生产线、半成品、产品等诸多方面的管理与控制。

2. 按工作方式分类

（1）实时软件：能够对外部事件或外部环境变化做出及时响应的软件，如飞机自动导航程序、导弹目标跟踪程序、自动生产线监控程序。实时软件一般由数据收集器、数据分析器、行为控制器等诸多部件组成，如图 1.4 所示。通常，数据收集器负责从外部环境获取格式化信息；数据分析器负责对获取的格式化信息进行分析、判断；行为控制器则负责按分析器对外部事件的判断进行有效的行为应对。例如导弹目标跟踪程序，当导弹跟踪目标发生移动时，导弹可以通过热感应方式获取移动信息，并通过数据收集器将移动信息格式化，然后通过分析器的分析、判断确定目标新的位置，再由行为控制器调整运行轨迹，以达到有效跟踪的目的。

图 1.4　实时软件的部件组成

（2）分时软件：能够把一个 CPU（Central Processing Unit，中央处理器）工作时间段切片分配给多项任务的软件。如 Windows 操作系统，它是一个具有分时功能的多任务操作系统，能使多个程序同步运行。与分时软件相关的软件技术是多线程机制，即在一个程序进程内执行多个线程任务。

（3）交互式软件：用于实现人机对话的软件，大多具有图形界面，如窗体程序、Web 页面。交互式软件的工作空间一般在客户端。窗体程序的特点是无论安装或是运行都在客户端。Web 页面则是以 HTML（HyperText Markup Language，超文本标记语言）、XML（Extensible Markup Language，可扩展标记语言）等文档格式安装于 Web 服务器，但运行空间则仍在客户端，图 1.5 所示即为 Web 页面的工作特征。

（4）嵌入式软件：专门为特定智能设备提供自动控制的软件，如洗衣机流程控制程序、微波炉流程控制程序、汽车定速导航程序。嵌入式软件一般驻留在智能设备拥有的只读存储器中，因此与智能设备融为一体。

（5）批处理软件：能够成批处理大量数据或成批处理多项事务的软件。批处理软件通常需要面对大量数据，并往往以某个时间点（如年终、月尾）为任务触发事件。可以通过批处理而提高系统工作性能，如将可能影响系统日常性能的大量数据的处理安排在机器相对空闲的时间进行成批处理。可以通过批处理而使事务操作延后，一些涉及多方协作而不便于同步操作的事务即可通过批处理而获得异步操作。

图 1.5　Web 页面的工作特征

3. 按规模分类

（1）微型软件：源程序代码行数 500 以内的程序，通常一个人几天内即可完成开发。

（2）小型软件：源程序代码行数 1 万以内的程序，通常一个人半年之内即可完成开发，大多为用户自主开发。

（3）中型软件：源程序代码行数 5 万以内，并具有一定复杂度的软件系统，通常一年内可以完成开发。

（4）大型软件：源程序代码行数 5 万以上，具有综合功能，并涉及多用户任务协作的相当复杂的软件系统。

4. 按服务对象分类

（1）用户定制软件：开发机构受特定客户委托而开发的软件，如某特殊设备的控制系统、某专门企业的业务管理系统、某特定大厦的智能监控系统、某城市的交通监管系统，大多以招投标方式委托开发，并需要通过合同确定开发机构与客户之间的责权。

（2）通用商业软件：开发机构根据市场需求自主开发的面向广大用户的软件，如通用办公系统、通用财务系统，要求具有面向用户的应用配置，以对各种复杂工作环境有良好的适应性。

1.3　为什么会发生软件危机？

20 世纪 60 年代中期发生了软件危机，其严重影响了软件开发者的自信心。通常看来，是软件危机催生了软件工程，并通过软件工程克服了软件危机，重建了软件开发者的自信心。因此，软件危机一直被软件工程研究者所重视。

软件危机主要表现在以下几个方面：

（1）软件开发成本、进度失控。许多软件尽管在开发之前已经有了看似周密的成本估算，但实际开发费用往往远远超出前期预算。开发进度难以控制，已定的进度计划可能是三个月提交产品，但实际则是半年过去了，而能够真正投入使用的最终产品却仍是遥遥无期。

（2）软件质量不能获得有效保证。花费大量资金、人力开发出来的软件可能不能正常使用，经常出故障，性能不稳定。不重视分析设计，只希望能尽快编写出可运行程序交给用户使用，而为了压成本、赶进度，一些必须要有的软件测试也被省去了。显然，以这种方式开发出来的软件，其质量很难有保证。

（3）软件不能满足用户应用需要。尽管开发者自己觉得开发出了一个还算不错的软件，然而用户不买账，认为提交给他们的软件与开发者在合同中承诺的软件并不一致，一些必须要有的功能给遗漏了，程序工作流程与实际业务流程也可能不一致。

（4）软件可维护性差。软件难免需要进行错误修正或功能修补。然而，当开发者需要修正或改进软件时，则发现这是一件非常头痛的事情，原因是维护中需要依赖的设计文档很不完整，很多程序根本就找不到对应的设计说明。有些程序尽管有设计说明，但源程序已有多处改动，与设计说明严重不符。

为什么会发生软件危机呢？通常看来，有主客观两个方面的原因。

1. 客观原因

（1）软件的逻辑特性。软件是计算机系统中的逻辑部件，这使得软件缺陷具有了较大的隐蔽性，缺少硬件缺陷所具有的直观表象，难以发现。通常，硬件缺陷会有发热、噪声等不正常现象相伴随，它有一个逐渐变坏的过程，大多可以在没有引发严重故障之前被发现。软件缺陷则缺乏硬件缺陷的直观表象，必须等到错误发生前提条件成立时故障才会出现，如软件中的编码错误就必须等到出错的这行代码被执行时才有可能被发现。

（2）软件的复杂性。软件成为了工业产品之后，其规模越来越大，复杂程度越来越高。实际上，许多庞大的软件系统，其复杂程度已经远远超出了常人的理解力。人们寄希望于软件工具支持高度复杂软件系统的开发。然而直到今天，用于软件开发的工具仍很不完善，许多复杂软件问题的解决仍还不得不依靠人基于经验的决策判断。

（3）软件的产业发展状况。20 世纪 60 年代，软件产业才刚刚起步，缺乏工程规范、技术标准。即使是今天，有了一定的工程规范，但实施起来还是难度很大，并没有发挥其应有的作用。以 CMM 认证体系为例，这是一个有关软件工程过程的达标认证，用来反映软件企业的产业化完善程度，有 5 个认证级别，要求逐级认证。然而，在世界范围内，能够通过 3 级 CMM 认证的软件企业并不是很多。

2. 主观原因

（1）漠视用户需求。软件技术与用户需求是软件开发的两个支撑点，但软件开发者往往是一头热，他们的热情几乎都落到了软件技术上，因此，用户需求成了冰点，被忽视甚至漠不关心。然而，软件毕竟是为用户开发的，漠视用户需求必然使软件面临应用上的困难。漠视用户需求还给开发者带来了关门搞开发的陋习，很多通用软件就是按照这种方式开发出来的，开发之前没有进行广泛有效的市场调研，以致开发出来的产品不能获得市场的热情响应。这个问题也反映到了委托方式的定制软件上，形式上虽有一个需求分析期，但实质上也就是要求用户填写一封需求调研表格，紧接着就是软件开发，必须要有的现场调研、资料收集、需求论证被忽视了，导致开发出来的软件与用户的实际业务有冲突。

（2）重结果轻过程。软件开发的过程透明度一直很低，这既与软件的逻辑本性有关，也与早期开发中形成的个人创作工作模式有关。由于软件过程的低透明度，以致软件项目负责人、评审人员、用户都只能凭借最后结果对软件作出评价。问题的关键是，由于软件过程不透明，因此我们不关心过程，于是过程变得越来越不透明。但实质上，软件开发过程的透明度是可以提高的，只是我们为此需要花费更多的时间与精力，需要做更多的事情，如记录工作日志、加强配置管理。提高软件过程的透明度也是很重要的，过程决定结果，透明的过程将带来透明的结果，其有利于软件变更、维护与质量追踪。

（3）个人英雄理念。很少有产品如软件那样对个人素质有如此大的依赖，也正因如此，软件开发极易培养并强化开发者的个人权威。应该说，对于早期软件的开发，个人英雄理念或许是不可避免的，甚至是必要的。然而在今天，面对既庞大又复杂的软件系统，个人英雄理念则带来了越来越多的弊端。由于个人英雄理念，软件产品开发的成败不得不与个人作为相关联。但个人的能力总是有限的，会受外部环境、自身情绪等诸多因素制约。个人也有可能离开软件开发团队。更加严重的是，过于强化的个人英雄理念还必然会对标准、规范带来冲击，会使本应该遵守的制度受到破坏。

1.4　软件工程技术

影响软件的技术因素很多，但从工程角度看，则主要反映在软件过程、工程方法与软件工具这三个方面。

1.4.1　软件过程

软件过程是软件开发与维护的实施路线与具体步骤，并是软件开发时的工程化框架，可作为工程方法与软件工具得以有效应用的基础。

软件过程将整个软件开发划分为若干个过程域，每个过程域包含任务项、方法、工具、标准、规程等诸多工程元素。

软件过程涉及的内容有：

（1）划分工程过程域。

（2）确定过程域中的任务项。

（3）过程域资源配置，包括任务项、方法、标准、工具等。

（4）过程域里程碑设置，如过程的启动前提、验收标准。

应该说，不同的软件项目将会面临不同的软件任务，因此，需要不同的软件过程支持。软件定义、软件开发、软件验证与软件维护为四个基本过程域，是大多数软件项目都将经历的过程域。

四个基本过程域的特征是：

（1）软件定义：确定软件技术规格和使用规则。

（2）软件开发：按照软件定义开发软件产品。

（3）软件验证：按照软件定义对开发出来的软件成果进行验证确认。

（4）软件维护：修正软件缺陷，并随用户需求变化不断改进软件。

上述描述中，我们只是看到了软件过程的一些轮廓。实际应用中，为使软件过程有更多的操作细节，开发者往往会从过程模式中选择合适的软件过程应用于软件项目，如瀑布模式、原型进化模式、增量模式。

需要明确的是，对于工程应用，诸多过程模式仅具有参考性，实际软件开发中往往需要根据具体的软件任务、软件开发机构的自身特点对过程模式进行过程改进，以使软件开发能够获得更加良好的过程支持。

良好软件过程的特征是：软件开发能够有效按照一定的工业流程作业，可对开发任务进行量化管理，可使软件方法与工具得到有效应用，可使软件质量得到有效监控，可显著提高软件开发效率。实际应用中，开发者总是根据项目需要以上述特征的一个或几个为依据对模式进行过程改进。

1.4.2　工程方法

　　软件工程方法所指的是开发与维护软件时应该"如何做"的一系列技术性方法。

　　工程方法涉及的内容有工程规范、工程策略、技术手段等。其中，工程规范是对工程行为的约束，用于规定哪些能做，哪些不能做；工程策略则体现为一种工程路线，以决定在诸多可行方案中最终将采用的是什么方案；技术手段则是在已定工程策略前提下的具体做法，如通过 ER 图分析系统数据关系，通过数据流图分析系统功能结构，使用组件技术构造分布式软件系统。

　　软件工程方法需要适应软件过程，因此，也就需要考虑不同过程中工程方法的关联性。显然，为使不同阶段的工程方法能有较好的关联性，工程方法需要形成体系（如结构化方法体系、面向对象方法体系），以支持从软件分析到软件设计、实现的全过程任务开展。

1.4.3　软件工具

　　软件工具是指对软件工程方法与软件过程的自动化或半自动化支持。软件工具也如工程方法一样，要求能够覆盖整个软件过程，如项目管理、软件分析、软件设计、程序创建、软件测试等，都要求有合适的软件工具支持。表 1.1 所列为一些常用的软件工具类别及举列。

表 1.1　常用软件工具类别

工具类别	举例
项目管理工具	项目规划编辑器、用户需求跟踪器、软件版本管理器
软件分析工具	数据字典管理器、分析建模编辑器
软件设计工具	用户界面设计器、软件结构设计器、代码框架生成器
程序创建工具	程序编辑器、程序编译器、程序解释器、程序分析器
软件测试工具	测试数据生成器、源程序调试器

　　软件工具还可以按高端工具与低端工具分类。

　　高端工具为软件前期开发中需要用到的分析、设计工具，如数据字典管理器、分析建模编辑器。

　　低端工具则为软件后期开发中需要用到的与程序创建直接相关的工具，如程序编辑器、程序分析器、程序调试器。

　　可以将诸多软件工具集成，以使软件开发时的各项工作，如软件项目管理、软件分析设计、软件实现部署、软件版本控制等，能够在一个统一的工作平台上进行。通常，这样的集成多种软件工具的开发平台被称为计算机辅助软件工程（Computer Aided Software Engineering，CASE），如图 1.6 所示。显然，软件工具的集成有利于软件开发资源的集中管理，有利于软件过程的自动化控制，可以使软件工具更能发挥工程作用。

图 1.6　CASE 框架

1.5　软件工程管理

软件工程应用的好坏不仅依赖工程技术，也依赖工程管理。许多软件项目之所以失败，并不是因为缺少先进技术与优秀技术人才，而是因为管理混乱。因此，软件工程必须研究工程管理。

软件工程管理主要体现在四个 P 上，即项目（Project）、人员（People）、过程（Process）、产品（Product），它们是软件工程管理中必然涉及的四个要素。

1.5.1　项目计划

项目是可以量化的工程单位，所涉及的量化指标有项目周期、项目规模等。软件开发需要以项目为单位实施。

软件项目使软件开发中的各种因素，如任务、人员、设备、费用、产品等集中到了一起，并通过建立一定的项目规则、制度，而使软件开发有了管理的便利。

项目管理的首要工作是制订项目计划。在软件开发工作起步的时候，就应该以项目任务、项目周期、工程环境为依据制订出科学合理的软件开发计划。

项目计划是软件开发的工作指南，内容涉及项目任务分解、人员配置、资源配置、成本估算、进度安排等。

1.5.2　人员组织

软件开发是智力型劳动，必须由人来完成。应该说，开发人员，尤其是优秀技术人才是决定软件成功开发的最关键因素。然而，软件开发光有人还不行，还需要把人组织起来，并将人安排到软件项目中的合适岗位上承担开发任务。

软件开发通过软件项目组将人组织成开发团队，项目组成员则有项目负责人、开发人员、资料管理员、软件测试员等。

中小规模的软件开发往往由一个项目组就可以承担全部的开发任务。然而，对于较大规模的软件系统，则需要把一个大项目分解为多个子项目，并需要组建多个项目组承担开发任务。

软件项目组有许多不同形式的组织结构，如民主分散形式、核心领导形式。

民主分散形式的特点是小组成员完全平等，享有充分民主，通过协商作出项目决策，诸如项目计划、任务分配、工作制度、设计方案等都需要集体讨论。

核心领导形式的特点是项目组中有一位核心成员，他全面负责项目任务，起到领导作用。与民主分散形式相比，核心领导形式的组织结构更加严密，成员任务更加明确。

1.5.3　过程管理

前面我们已经从技术层面对软件工程过程进行过说明，它是软件工程的技术基础，是一个工程框架，可以将软件开发分解为多个任务阶段或过程域。

过程管理的第一项工作是选择一个与所承担的软件项目相适应的过程模式。可供选择的过程模型有瀑布模式、原型模式、增量模式、螺旋模式。许多时候，还可能需要根据软件任务、工程环境的特殊性对所选过程模式做一些必要的适应性改动，以便获得更好的工程框架支持。

过程管理的第二项工作是基于所选过程模型来制订出更加详细的里程碑过程计划，以便于软件开发能基于各个里程碑获得有效的过程控制。

软件开发需要有各种资源支持，如人员、设备、软件工具、技术资料等。因此，过程管理的第三项工作是基于里程碑过程计划的资源调配，以使软件项目能够按计划顺利进行，同时又不会有太大的资源浪费。

1.5.4　产品管理

1.　产品质量保证

软件生产需要有较完善的质量保证体系，其涉及的要素有：

* 质量标准：有关软件质量的框架性规定，包括产品标准、过程标准。
* 质量计划：说明软件产品质量要求，规定软件产品质量的评定方法，包括产品质量计划、过程质量计划、质量目标。
* 质量控制：监督整个软件开发过程，以确保质量，保证规程和标准被严格执行。可采取的质量控制手段主要有质量评审、质量走查、质量评估。

2.　产品配置管理

为对软件生产进行过程追踪，还需要建立有效的配置管理，其主要内容有：

* 标识软件配置项：软件开发中需要存留的资源（程序、文档、数据），要求有配置项命名，以利于对其实施配置管理。
* 控制软件变更：建立软件变更制度，以达到对软件变更的有效控制。
* 控制软件版本：制定软件新版发行规则，以达到对软件版本升级的有效控制。

1.5.5　工程目标

软件工程目标是软件工程价值的体现，也是评价软件工程应用效果的基本依据。实际项目中主要涉及以下几个方面的工程目标：

（1）降低软件开发与维护成本。

（2）使软件满足用户应用需要。

（3）尽量改善软件性能。

（4）尽量提高软件可靠性。

（5）使软件易于使用、维护与移植。

（6）能按时完成软件开发任务，并及时交付使用。

实际上，很难在一个软件项目中达到所有目标，然而必须有所考虑，并尽力追求。软件项目中的工程目标之间还有可能发生冲突，例如，软件成本、软件性能、软件可靠性、软件可维护性之间就有可能发生冲突。我们希望降低软件成本，但一味地降低成本，则难免影响软件的质量，使软件的可靠性下降。我们希望软件有高性能，但为了获得高性能，则可能不得不使用低级语言实现软件编程，而这会使软件开发工作量加大、成本上升，并会使软件难于理解、维护和移植。

一般的看法是，开发者应该根据所承担的软件任务的特点、所处的工程环境、资金投入状况和开发人员的技术素质等，选择一个合适的通过努力可以达到的工程目标作为工程定位，而不是盲目追求高目标。如果项目中存在目标冲突，则还需要根据实际情况对诸多工程目标进行优先排序。

1.6 主流软件工程方法学

1.6.1 结构化方法学

20 世纪 60 年代末，诞生了结构化程序语言（如 Pascal、C 语言），它们带来了以功能为目标的编程风格，可以依靠程序函数建立程序模块，并且每一个程序模块都有确定的功能任务。结构化程序语言取得了极有成效的应用，成为了那个时期的主流程序语言。

结构化方法学由结构化程序语言的广泛应用催生，以满足基于功能的软件开发，可以支持整个软件生存周期，涉及结构化分析（Structure Analysis，SA）、结构化设计（Structure Design，SD）与结构化实现（Structure Particular，SP）。

结构化方法是以实现软件功能为基本目标的，结构化分析的任务是搞清楚软件需要哪些功能要素。数据流模型是结构化分析中最常使用的建模技术，可以逐层描述软件系统内部的数据加工细节和有效获取软件系统中的功能要素。

图 1.7 所示是某考卷处理系统数据流模型图，可以描述该考卷处理系统数据的加工过程。

结构化设计则以分析获取的功能元素为依据，定义功能化程序模块，设计程序算法。

从数据流图中获取的功能元素可映射为程序模块。根据各功能元素对数据的加工顺序与协作关系则可以映射出基于模块的程序结构。

程序结构图是软件设计时需要建立的程序结构模型，可以描述程序系统基于程序模块的系统集成。图 1.8 所示是某考卷处理系统程序结构图，可以说明该考卷处理系统的程序构造。

图 1.7 某考卷处理系统数据流模型

图 1.8 某考卷处理系统程序结构

1.6.2 面向对象方法学

面向对象方法源于 20 世纪 80 年代起逐步发展起来的面向对象程序技术，引入了许多新的程序概念，如类体、对象、消息等，并有不同于结构化的程序构造与工程方法。

1. 面向对象程序

类体是面向对象程序的基本模块单位。面向对象程序系统即由诸多类体构造。例如教学管理程序，其构造元素中即需要有教师、学生、课程等诸多与教学活动有关的类体。

类体涉及属性、操作两个方面的程序要素说明，其中的属性可以定义为一组类体成员变量，操作则可以定义为一组类体成员函数。例如，图 1.9 所示的学生类，其中的学号、姓名、专业即是它的属性，学籍注册、学业查询即是它的操作函数。

对象由类生成，是类模块的实例化结果。例如，图 1.10 中的 S 对象，它即由图 1.9 中的学生类生成。一个对象可调用另一个对象的操作函数，以实现对象之间的通信或交互，称为消息发送。例如，图 1.10 中的学籍管理对象向学生对象发出的学籍注册消息。

图 1.9　学生类体

图 1.10　对象及其消息发送

数据封装、类体继承、操作多态被看作是面向对象程序技术的三个基本特性。

（1）数据封装：同一个类的不同对象将分别拥有各自独立的属性值，并且对象的属性值往往被限制为只能由其自身操作改变。

（2）类体继承：程序诸多类可以组织成为一个具有等级关系的层次结构，处于上层位置的类叫作基类，处于下层位置的类叫作派生类，其中下层派生类除了具有自己的属性、操作外，还可以继承来自上层基类的属性、操作。

（3）操作多态：多个同名函数可以有不同的功能用途。多态性的一种形态是操作函数重载，即在类中建立多个同名操作函数，但这些函数具有不同的参数，并有不同的实现代码。动态联编是多态性的又一种表现形态，其体现为由抽象类定义的虚操作函数，仅用于提供消息格式，具体行为则取决于下级子类中的同名操作函数的具体代码实现。

2. 面向对象工程方法

面向对象工程方法是为适应面向对象程序开发而产生的一整套工程规则。

面向对象工程方法的基本特征是程序系统可基于现实实体构建。其中，类体被用来定义实体，由类体生成的对象则被用来进行实体行为仿真。

面向对象方法也涉及面向对象分析（Object Oriented Analysis，OOA）、面向对象设计（Object Oriented Design，OOD）和面向对象实现（Object Oriented Particular，OOA）三个任务阶段。

软件分析需要解决的核心问题是软件有多大的业务范围，有哪些业务步骤。诸多问题可以通过建立分析模型给予解决，如业务用例模型、业务活动模型、类分析模型就是软件分析阶段需要建立的模型。

软件设计需要解决的核心问题是软件基于类体的内部构造，由对象扮演的动态元素的执行步骤。诸多问题可通过建立设计模型给予解决，如类设计模型、对象协作模型、组件模型就是软件设计阶段需要建立的模型。

相对于结构化方法，面向对象方法可体现出以下方面的优越性：

（1）便利的由分析到设计的转换通道。

面向对象程序由类体构造。面向对象分析中需要建立类关系模型，并且诸多从软件问题分析中获取的业务类可以直接映射为软件设计中的实体类。显然，这有利于面向对象分析到面向对象设计的过渡。

（2）更加接近现实环境。

面向对象技术使计算机观点被更进一步淡化，现实世界模型成为了构造系统的最主要依据。因此，面向对象方法要求开发者更多地使用业务领域中的概念思考软件问题，并且要求开发者与软件用户有更加广泛的交流。

（3）更加有效的程序复用手段。

结构化的软件重用技术是建立于标准函数库上的，而大多数的标准函数只能提供一些基本功能，因此，复用粒度较小，不能很好地满足大型应用软件的复用需要。

面向对象的软件重用技术则建立于派生类对基类的继承上，因此，有更大的复用粒度，可带来更高的开发效率。

（4）可使软件以迭代方式逐步完善。

面向对象程序类体具有继承性，其支持软件通过派生子类而逐步扩充功能。因此，面向对象程序可以逐步创建，程序产品可以逐步提交与完善。项目初期可以只是建立一个具有基本用途的应用系统，然后通过建立派生类而逐步扩充与完善功能。

1.7　常用软件工具

软件开发需要有软件工具的支持。下面是软件开发中一些常用的软件工具，本书后面各章节的建模描述即通过这些工具来创建。

1.7.1　Microsoft Visio

Visio 是 Microsoft 公司开发的一个通用的图形建模工具，能够创建很多领域的图形模型。Visio 可作为软件工具使用，并能建立软件开发中需要用到的各种图形，如数据流图、数据表关系图、程序结构图、UML 模型图、界面原型图、项目进程图、组织结构图等都能通过 Visio创建。图 1.11 所示为 Visio 对软件开发的部分作图支持。

图 1.11　Visio 对软件开发的作图支持

Visio 的优点是简单实用，并能用来创建多种图形。本书结构化分析设计建模中的数据流图、程序结构图均是通过 Visio 创建的。

Visio 还可与 Visual Studio .NET 很好地集成。例如，在 Visio 中创建的 UML 模型就能够通过正向工程转换为 Visual Studio .NET 中的代码框架，而在 Visual Studio .NET 中创建的程序系统则能够通过逆向工程转换成 Visio 中的软件模型。

1.7.2　Sybase PowerDesigner

PowerDesigner 由 Sybase 公司开发，是一个专门用于数据库的 CASE 工具。PowerDesigner 能够支持数据库的全过程建模，涉及的模型有业务过程模型（Business Process Management，BPM）、概念数据模型（Conceptual Data Model，CDM）、物理数据模型（Physics Data Model，PDM）、面向对象模型（Object Oriented Model，OOM）。

PowerDesigner 还提供了极有成效的数据工程过程支持，可以实现从概念数据模型到物理数据模型，再到面向对象模型的有效建模映射。

图 1.12 所示为 PowerDesigner 概念数据建模环境。本书中的数据库模型均是通过 Power-Designer 建立的。

图 1.12　PowerDesigner 概念数据建模环境

1.7.3　IBM Rational Rose

Rose 由 Rational 公司开发，并随着 IBM 公司对 Rational 公司的收购而成为了 IBM 的产品。UML 建模语言的创建者 Booch、Rumbaugh 与 Jacobson 都曾服务于 Rational 公司与 IBM 公司，这使得 Rose 成为了最具影响力的 UML 建模工具。

Rose 提供了从用户业务领域到系统逻辑分析与设计，到系统物理设计与部署的对 UML 的全面建模支持，并提供了很好的模型映射机制，可使 UML 所倡导的基于迭代的统一开发过程得到有效的应用。

　　Rose 的作用还体现在对低端开发环境的正向工程与逆向工程的支持上，所建模型能够通过代码生成工具产生出低端开发环境所能识别的程序框架，而在低端开发环境中建立的程序清单则能够通过逆向工程而被抽象为系统模型。

　　图 1.13 所示为 Rose 中设计类图建模环境。本书中的诸多面向对象分析设计模型就是通过 Rose 建立的。

图 1.13　Rose 类图建模环境

小　结

1. 软件工程

　　软件工程是关于软件开发、使用与维护的工程方法学，也是工程技术、工程管理与工程经济的有机综合。

2. 软件特点

　　软件是计算机系统中的逻辑成分，是程序、数据、文档等诸多逻辑元素的集合，需要有物理硬件的支持才能产生作用。软件不是制造出来的，而是开发出来的，其最大的生产成本是分析与设计。软件是用不坏的，然而却会因环境的改变而失效。因此，软件需要更新进化，以延长其生存周期。

3. 软件危机

　　20 世纪 60 年代中期，软件开发者遭遇到了软件危机。主要危机现象有软件开发成本和进度难估算、软件质量没有保证、软件不能满足应用需求、软件缺乏可维护性。

　　危机产生的客观原因：软件的逻辑隐蔽性、复杂性、低产业发展水平。

　　危机产生的主观原因：漠视用户需求、重结果轻过程、个人英雄理念。

4．软件工程技术、管理与目标

软件工程涉及的技术问题有：

- 软件过程：实现软件的步骤与工程框架。
- 工程方法：实现软件的技术性要素，如工程规范、工程策略、技术手段等。
- 软件工具：对工程方法与软件过程的自动化或半自动化支持。

软件工程涉及的管理问题有：项目管理、人员管理、过程管理、产品管理。

软件工程还必须考虑工程目标，以体现其工程价值。一些主要的工程目标是：降低成本、满足需求、改善性能、提高质量、及时交付。

5．主流工程方法学

结构化方法学是传统的主流方法学，以功能为基本元素，包括结构化分析（SA）、结构化设计（SD）与结构化实现（SP），可为整个软件生存周期提供方法学支持。

面向对象方法学则是目前的主流方法学，包括面向对象分析（OOA）、面向对象设计（OOD）与面向对象实现（OOP），可对整个软件生存周期提供方法学支持。其以实体为基本元素，如类体、对象，并可使程序系统基于现实实体构建，更加接近现实环境。

6．常用软件工具

软件工程还需要有软件分析设计工具的支持，常用的软件分析设计工具有：

- Microsoft Visio：通用图形建模工具，可支持结构化分析设计建模。
- Sybase PowerDesigner：专门的数据库建模工具。
- IBM Rational Rose：专门的 UML 建模工具。

习　题

1．什么是软件工程？其对软件产业化发展有什么积极意义？

2．软件有哪些特点？按照功能层次，软件可分为：系统软件、支撑软件、应用软件，那么，SQL Server 是哪个层次的软件？ADO.NET 是哪个层次的软件？Visual C++是哪个层次的软件？

3．按照服务对象，软件可分为用户定制软件和通用商业软件。试举例说明这两类软件的特点。

4．软件危机有哪些现象？为什么会发生软件危机？应该如何有效地预防？

5．软件工程涉及过程、方法、工具三个方面的技术问题，这三个方面存在怎样的相互关系？试举例说明它们之间的关系。

6．软件工程管理主要体现在四个 P 上，即项目（Project）、人员（People）、过程（Process）、产品（Product）。请简述这四个方面的管理，并谈一些自己的认识。

7．结构化方法有什么特点？面向对象方法有什么特点？C 语言是结构化程序的代表，Java 是面向对象程序的代表，试以它们为依据说明结构化方法与面向对象方法的区别。

8．进入 Microsoft Visio，然后从其菜单"文件/新建/软件"中分别打开 UML 模型图、程序结构图、数据流模型图等模型工具，并进行你所能做的各种操作。对此，你有什么操作感受？

第 2 章　软件项目管理

任何好的工程方法、工程技术，如果没有好的管理机制，则是难以产生实效的。因此，软件工程的首要问题是管理问题，只有管理问题解决了，与工程有关的诸多要素，如人、财、物、技术才能结合成为一个有机体，产生出工程实效。

本章要点

- 软件研发团队
- 软件项目计划
- 软件项目成本估算
- 软件项目风险
- 软件项目文档、配置与质量管理

2.1　软件研发团队

具有一定规模的软件研发通常是基于团队进行的。实际上，一个软件产品能够成功地研发出来，其不仅依赖于软件研发者的个人才智，还依赖于软件研发团队成员之间的良好协作。因此，如何组建软件研发项目团队并带好这个团队，使其成为一个优秀的研发团队，也就成为了一项非常重要的工作。

2.1.1　软件研发机构

所谓软件研发机构，就是专门承担软件研发任务的公司、部门或科研院所。显然，它需要有健康的能很好适应软件研发任务的组织机体，如组织结构、制度、文化等将影响这个组织机体的健康度。图 2.1 所示为比较常见的软件公司组织结构，其主要职能部门有质量控制部、产品开发部、产品支持部、产品服务部等。

下面是对各职能部门的说明。

（1）质量控制部：提供软件质量标准，负责各阶段软件成果评审，负责软件开发过程质量控制，以及产品服务质量监督。质量控制部大多设置于组织结构的较高层次，以获得对整个项目有效的质量监控。质量控制部大多只有少数固定成员，主要任务是质量管理，而当需要进行质量评审或质量鉴定时，则从产品开发部、产品支持部以及产品服务部邀请技术骨干，或是从有关科研院所邀请技术专家临时担任。

（2）产品开发部：负责软件开发管理。通常管理多个软件项目小组，每个项目小组有不同的软件开发任务。大多数的项目小组是短期的，随承接软件任务而专门设置，并随软件任务的完成而解散。

图 2.1 软件开发公司组织结构

（3）产品支持部：负责较长期的产品技术支持，如配置管理、产品维护等。

（4）产品服务部：负责较长期的产品后期服务，如产品推广、用户培训等。

2.1.2 软件项目小组

一个有健康机体的软件研发机构，其自身就是一个具有战斗力的研发团队，而为了使软件研发任务能够基于项目有效开展，则还必须组建项目小组。

通常看来，软件项目小组是软件研发机构中被划分到最底层最小的软件研发团队，其大多因软件项目任务组建。考虑到软件研发成员之间通信与协作的便利，项目小组要求小而精，成员大多被限制在 8 人以内。

项目组成员角色有：

● 项目组长：负责制订工作计划、任务分配与协调和项目成果评审。

● 开发人员：按所分配的工作任务从事软件开发，包括软件分析、设计与编码。

● 资料管理员：负责成果归档，进行软件配置。

● 软件测试员：负责软件模块测试与系统集成，进行软件质量控制。

上述角色可以分别由不同的成员担任，然而一个人数不足 3 人的项目小组，其团队成员就不得不承担多个角色的任务了。

必须注意，项目小组绝不只是研发成员的简单组合，而必须体现出团队精神，成员之间能够良好协作。一个优秀的项目小组应该体现出成员个人目标与项目小组团队目标的一致性。

毫无疑问，项目组长是这个团队最核心的成员，他是项目小组的领导者，其不一定是技术专家，但必须是管理专家，需要制订项目计划、分配与协调项目任务、处理成员关系和能够鼓舞成员士气。

通常，可从以下方面对项目小组进行合作性评价：

● 成员在技术、经验和个性上是否有良好的互补性。

● 成员是否对项目组有良好的团队认同感。

● 成员之间是否有良好的情感沟通。

● 成员在团队中是否有良好的受尊重感。

● 成员对所扮演的角色是否有较高的满意度。

2.1.3　项目小组管理机制

1. 民主分权制

项目小组成员平等地以民主协商形式作出项目决策，如项目计划、任务分配、工作制度、设计方案等都需要集体讨论。

民主形式下也有项目负责人，但并不固定，可由其他成员替代。因此，项目组长的核心作用不是很明显，往往只是项目会议的召集者、项目任务的协调者、承接业务的联系人。诸多问题，如项目计划、任务分配、工作制度、设计方案等都需要项目组成员集体讨论才能定夺。

民主形式的优点是：成员可较充分地表现个人作为，可保持较高的工作热情；成员之间可以轻松交流，并有很好的技术协作。通常认为，民主形式能获得较高的团队凝聚力，可带来较浓厚的学术风气，有利于开发者能力的培养，有利于技术攻关。

然而，民主形式成员之间有太多的信息通道，如果一个项目组有 n 个成员，则可能的沟通信道有 $n(n-1)/2$ 条。因此，许多决策往往需要花费很长时间才能意见一致，以致影响项目进度，降低工作效率。

民主形式项目组对成员素质一般有较高的要求。如果项目组成员都是经验丰富、技术熟练，则所承担的软件项目往往比较成功。但如果组内成员技术水平不是很高，则由于管理上缺乏核心领导，技术上缺乏权威指导，软件项目容易失败。

2. 主程序员负责制

主程序员负责制是一种对项目小组实施集权控制的管理体制，项目小组的主要成员有：主程序员、后备程序员、资料管理员和一般程序员等，其组织结构如图 2.2 所示。

图 2.2　主程序员负责制组织结构

很显然，主程序员处于该组织结构的绝对核心位置，因此，需要由资深软件工程师担任，要求经验丰富、技术能力强，负责整个项目计划的制订与实施、软件体系结构与接口的设计和关键算法的设计，并承担对其他成员的工作指导。

后备程序员是主程序员的得力助手，须协助主程序员工作，并要求在必要时能够接替主程序员的工作。此外，还需要负责制定测试方案、分析测试结果及其他独立于设计过程的工作。

资料管理员负责软件成果归档与软件资源配置等方面的事务性管理工作。

主程序员负责制有较严密的组织结构。因此，比较起民主分权制，这种管理机制更加规范，项目组成员任务分工更加明确，项目中各项工作的开展更有条理与次序，可以带来较高的开发效率与开发质量。

然而，主程序员负责制也有以下几方面的不足：

- 对主程序员的依赖度较高，一旦主程序员离开了项目组，项目则有可能瘫痪。另外，由于一切工作以主程序员为中心，项目计划、设计方案等都是由主程序员制定，其他成员只需按部就班地开展工作，缺少发言权，以致创造性受到压制。
- 主程序员有过高的工作负担，既要负责项目管理，又要解决技术问题。
- 主程序员作为技术专家，一般更加关注技术问题，而比较疏忽管理艺术，以致对其他成员可能是严格要求有余而沟通关心不够，因此难免影响其他成员的工作积极性。

3. 职业项目经理负责制

职业项目经理是一些经过专门训练与考试认证，具有软件项目管理执业资格的专业软件项目管理人才。

由于主程序员负责制有偏重技术而忽视管理的弊端，因此，现在很多软件项目都采用了职业经理负责制，以满足项目负责人首先应该是管理者的要求。

然而，职业项目经理大多并不精通技术，其一般只负责项目管理，如制订项目计划、分配项目任务、进行项目成本预算、按照里程碑进度计划监控项目进程。因此，职业项目经理与项目组从事技术的其他成员之间容易出现情感隔阂，一些技术人员甚至可能把他看作外行，而对他有敌对情绪，不愿服从他的安排。为了解决这个问题，往往有必要给项目经理配备一个精通技术的副手，如技术负责人，其承担原主程序员需要承担的技术任务。

图 2.3 所示为职业项目经理负责制的一般组织结构。

图 2.3 职业项目经理负责制组织结构

4. 项目层级负责制

软件系统规模可大可小。规模较小的软件系统，一个 3～5 人的项目小组即可承接下来，并可在规定期限内开发出来。但大规模软件系统，若要在规定期限内开发出来，则不得不组织起几十人的研发队伍。

显然，项目参与人数越多，项目成员之间的通信与协作越不便利。通常情况下，项目小组人数要求限制在 8 人以内，因此，当项目规模庞大而需要几十人参与时，有必要将一个大项目分解成许多个小项目，然后组织多个项目小组实施产品研发。

常用的项目分组方法是，将系统按功能分解为若干个具有一定独立性的子系统，然后再按子系统进行项目任务分组，每个项目小组只需要完成分配的子系统的开发任务，由此形成的人员管理体制即为项目层级负责制。

图 2.4 所示为项目层级负责制的一般组织结构。

层级负责制体现出了上级对下级基于任务分解的指挥控制，项目经理分解项目任务，并分配给各项目小组，而项目组长又再将承担的小组任务做进一步分解，并分配给每个小组成员。

项目层级负责制是由多个项目小组共同完成一个项目任务，因此，各项目小组之间必然涉及任务协调。可基于里程碑进程进行小组任务协调，例如，整个项目有一个统一的整体里程碑进度计划，各个项目小组则基于项目整体计划制订出自己承担的子项目的里程碑进度计划，以保证局部子项目计划与项目整体计划的协调。

图 2.4　层级负责制组织结构

有必要使各个项目小组之间有较低的相互依赖，由此可减轻因依赖而带来的协调工作负担。因此，分配给各个项目小组的子系统应尽量能够独立运行，以使得各个项目小组任务有较好的独立性。

2.2　软件项目计划

项目如同一个有关工程的空间容器，可使人、财、物等工程要素通过这个容器结合起来，项目还是一个具有一定独立性的工程作业单元，可使诸多工程任务基于项目得以有效实施。然而，要使基于项目的工程任务能够有效地实施，必然需要先制订一个计划。可想而知，一个缺失计划的软件项目必然会出现这样那样的混乱。因此，为使软件研发中的各项工作能够有秩序地进行，软件工程项目管理者需要事先制订出项目计划。

2.2.1　任务分配

软件开发面临各种各样的任务，如需求分析、结构设计、程序编码、文档管理等，为确保这些任务按期完成，诸多任务必须合理安排到人，这就是任务分配。

显然，一些大的任务单位需要分解细化，以方便项目任务可以合理适度地分配到各项目小组成员身上。然而，如何进行项目任务分解呢？

首先要进行的是基于软件生存周期的阶段划分。整个软件开发可划分为需求分析、概要设计、详细设计、编码与单元测试、系统集成等诸多阶段任务。

接着是对这些阶段任务做进一步的任务细分，以使分配到任务承担者身上的各项任务能够内容更具体、目标更清晰、责任更明确。例如，软件结构设计可进一步分解为软件构架设计、软件接口设计、数据库设计。

任务树是一种最常使用的任务分解工具。图 2.5 所示就是基于任务树的任务逐层分解，其中的任务树根节点是对任务的整体概括,而树中根节点以下的各级子节点实现了对任务的逐级分解。

图 2.5　项目任务树

2.2.2　进度计划

项目开发计划的核心是进度计划。应该基于里程碑制订项目进度计划,以使项目中的任务及资源能按照里程碑进行合理的流程部署。

通常情况下,一个基于里程碑的进度计划将能够建立起对项目进程的量化监控。实际上,如果项目中的每一项任务都有了比较确定的工作量比例,并还能通过关键成果对该任务是否完成作出判断,则项目进展就有了能够量化的完成比例说明。

在制订项目进度计划时,需要重点考虑关键任务,其对项目进程有着至关重要的影响。

项目进程中的里程碑标志性成果有:需求规格说明书、系统设计说明书,关键任务与这些里程碑标志性成果直接相关。此外,一些直接影响产品质量的任务、一些涉及不确定性技术因素的任务、一些特别耗时的任务也是关键任务。

进度计划是对任务合理的时序安排。首先是避免任务重叠,以减少人力及资源浪费,并提高开发效率。应当特别注意关键任务的延期对整个项目进程的影响。一些无时间关联的任务则可并行开展,以加快任务进程。

进度计划制订中还须顾及到的是,项目初期对问题的考虑往往有不确定性。实际上,项目进行中也难免会有不确定性事件发生,例如,项目组中的某个成员可能因生病而请假,或是因某种原因离职;项目中的某台设备可能出了故障;项目遇到了事先没有估计到的技术性困惑等。因此,在制订项目进度计划时,需要考虑到一定的工作弹性,需要有一定的时间宽松,以利于从容应对不确定因素,以使得当项目的实际进程与先期进度计划有较大偏差时可根据项目实际进程对进度计划进行调整。

有许多工具可用来帮助建立项目进度计划，如甘特图、任务网络图。下面介绍这两种进度计划辅助工具。

1. 甘特图

甘特图是最常用的项目进度图，其建立在日历表上，可直观地反映项目进展情况。

甘特图中的长条图形表示项目中的每项任务。长条形的起点为任务的开始，长条形的终点为任务的结束，任务进展可通过长条图形内不同颜色的细线表示，并可使用一些特殊图标（如菱形）表示任务里程碑。

甘特图中任务之间的依赖关系可通过链接的箭头线表示，用于表明只有当前一项任务完成之后下一项任务才能启动。大多数情况下，依赖关系基于里程碑建立。

甘特图能较全面地反映项目开展情况，并能方便基于里程碑的项目管理。

图 2.6 所示是一个有关软件项目的甘特图。这是一个与图 2.5 中的任务树相关联的甘特图，可安排任务序列，还可表示任务进展、任务依赖关系、任务里程碑等。

图 2.6　使用甘特图描述项目进度

2. 任务网络图

任务网络图则基于项目任务流程创建，使用矩形表示任务，使用箭头表示任务前进方向。图 2.7 所示为任务网络图。

图 2.7　任务网络图

许多项目任务需要并行开展，并需要根据任务依赖关系、成员技术特点与协作性等进行任务的分配与调度，对此可通过任务网络图给予直观描述。

当涉及并行任务时，耗时最长的路线将决定项目进度，必须得到最多关注，可看作关键路径。任务网络图可非常直观地表现关键路径，例如，图 2.7 中的模块接口设计与数据库设计这两项并行任务，由于模块接口设计耗时更多，因此，被表示为关键路径。

任务网络图可给项目任务资源配置带来便利。在任务网络图中，任务承担人、任务所需设备、软件工具等是与任务项结合在一起的，因此，能够得到更加明确的表达。

2.2.3 项目计划书

项目计划书是项目计划的具体体现，可作为软件开发的工作指南。

项目计划书涉及的内容有项目任务分解、资源配置、成本估算、进度安排等。下面是项目计划书的基本格式。

---

1. 引言

1.1 编写目的（说明项目计划书的编写目的及阅读对象）

1.2 项目背景（说明项目来源、开发机构和主管机构）

1.3 定义（说明计划书中专门术语的定义与缩写词的原意）

1.4 参考资料（说明计划书中引用的资料、标准或规范的来源）

2. 项目概述

2.1 工作内容（说明项目中各项工作的主要内容）

2.2 条件与限制（说明影响软件开发的各项约束条款，如项目实施应有条件、已有条件、尚缺条件，用户及项目承包者需承担的责任，项目完工期限等）

2.3 产品

2.3.1 程序（说明需移交用户的程序的名称、编程语言、存储形式等）

2.3.2 文档（说明需移交给用户的文档的名称及内容要点）

2.4 运行环境（包括硬件设备、操作系统、支撑软件及其协同工作应用程序等）

2.5 服务内容（说明需向用户提供的各项服务，如人员培训、安装、保修、维护与运行支持等）

2.6 验收标准（说明用户验收软件的标准与依据）

3. 实施计划

3.1 任务（分解项目任务，确定任务负责人）

3.2 进度（使用图表安排任务进度，涉及任务的开始时间、完成时间、先后顺序和所需资源等）

3.3 预算（说明项目所需各项开支，如人力费用、场地费用、差旅费用、设备资料费用）

3.4 关键问题（说明将影响项目成败的关键问题、技术难点和风险）

4. 人员组织及分工（说明本项目人员组织结构、参加者基本情况等）

5. 交付期限（说明项目完工并交付使用的预期期限）

6. 专题计划要点（简要说明项目实施过程中需制订的其他专题计划，如人员培训计划、测试计划、质量保证计划、配置管理计划、用户培训计划和系统安装计划等）

2.3 软件项目成本估算

项目必然涉及成本。通常情况下，在项目初期，如项目立项论证时或制订项目开发计划时，需要对项目成本有一个合理的初步估算，然后以该成本估算为依据，对项目以后的具体实施进行必要的成本控制。

软件项目有来自多方面的成本，如工资开支、场地费、差旅费、设备费、资料费，并且这些费用都有不确定性。因此，对软件项目的成本估算往往有较大的模糊性。尽管如此，项目成本仍要估算，并需要以此为依据进行成本控制。

软件项目最大的成本是人员工资成本。一些常用成本估算方法，如程序代码行成本估算、软件功能点成本估算、软件过程成本估算，所考虑的主要是人力成本。下面介绍这几种成本估算方法。

2.3.1　程序代码行成本估算

程序代码行成本估算是一种传统的基于软件规模的成本估算方法。显而易见，软件越复杂，软件规模越大，则构造软件的程序代码行数将越多，软件成本将越高。

1. 估算代码行数

程序代码行成本估算建立在对程序代码行数有较准确估计的基础上。基于功能的程序分解是一种比较有效的代码行估算策略，其方法是对程序系统进行逐级的功能分解，直到分解出足够简单的或是已有代码行估算依据的程序功能元素为止。

很显然，估算一个软件的代码行数是一件非常耗时并且非常复杂的工作。实际上，仅依靠人力手工计算，要比较准确地估计出程序的代码行数并非易事。因此，有必要建立一个代码行估算程序，以减轻这项工作的复杂度与劳动强度。

下面是软件代码行估算一般过程的算法说明。

```
        确定软件功能范围;
        分解软件功能为诸多功能项;
        将软件功能项加入到功能表;
        Do While  功能表中有没搜索到的功能项
            从功能表选择功能项 i;
                将功能项 i 分解为诸多子功能项;
                将子功能项加入到子功能表;
                Do While  子功能表中没有搜索到的子功能项
                    从子功能表选择子功能项 j;
                    If  子功能项 j 在代码行估算历史数据库中有类似功能元素 p 对应
                    Then
                        通过功能元素 p 获取子功能项 j 的代码行数;
                        将子功能项 j 的代码行数累加到总代码行数中;
                    Else
                        If  子功能项 j 已简单到能够直接估算代码行数
                        Then
                            估算子功能项 j 的代码行数;
                            保存子功能项 j 到代码行估算历史数据库中;
                            将子功能项 j 的代码行数累加到总代码行数中;
                        Else
                            将子功能项 j 继续分解为更小的子功能项;
                            将这些更小的子功能项加入到子功能表;
                        End If
                    End If
                End Do
        End Do
```

2. 计算人力成本

上面介绍了如何估算程序代码行数。如果已经估算出了程序的总代码行数，则根据项目组成员的人月均程序代码生产率和人月均工资即可非常简单地计算出程序的人力成本。下面是程序代码行成本估算的计算式：

人力成本=(总代码行数/人月均代码行创建数)×人月均工资

例如，某程序总代码行数估算结果是 20000 行，而项目组成员平均每人每月能够开发 1000 行代码，假如每人每月平均工资是 4000 元，则由上面的计算式可计算出该程序人力成本是 80000 元。

3. 方法局限性

程序成本不能单凭代码行数决定。因算法设计优良而只需较少代码即可实现的程序似乎比因欠缺良好设计而必须依靠编写大量代码来实现功能的程序有更低的成本。

代码行估算的局限性还体现在需要对程序做很详细的功能分解上。然而，一个很大规模的程序系统，要在项目早期即做出很详细的功能分解并非易事，因此，估算结论必然有很大的不确定性。

2.3.2 软件功能点成本估算

软件功能点成本估算是一种建立在应用层上的能够更好适应项目早期的软件成本估算方法，由 Albrecht 首先提出。

应该说，前面的代码行估算是一种并不经济的成本估算，需要太多的人力成本代价。功能点估算则更加考虑成本自身估算的经济性，它不需要对软件进行逐级的深度功能分解，而只要对软件按区域估算功能点数，因此，有相对较少的人力成本消耗。

1. 功能元素

软件功能点成本估算需要考察的对象是功能元素，其一般做法是将软件划分为用户输入、用户输出、用户查询、内部存储、外部接口等几个功能区域，然后基于这些区域分类考虑功能元素。

（1）用户输入：一般对应于一个相对完整的输入功能，如报名登记、学籍注册。

（2）用户输出：一般对应于一个相对完整的输出功能，如报表输出、屏幕输出、提示消息。

（3）用户查询：一般对应于一个相对完整的查询功能，通常与一个联机操作相关联。例如，输入查询条件、系统根据查询条件进行查询计算、产生查询结果。这样一个完整的查询过程可看成是一个查询元素。

（4）内部存储：一般对应于一个与功能实现相关联并与外界无直接关系的内部数据存储，如数据文件、数据表。

（5）外部接口：一般对应于一个相对完整的与外界其他系统的交流，如数据导入处理、数据导出处理。

通常，软件的每个功能元素可通过加权因子反映其复杂程度。表 2.1 列出了不同区域中的功能元素的加权因子的取值范围。

表 2.1　不同功能元素的加权因子的取值范围

复杂度 功能元素	低	中等	高
用户输入	3	4	6
用户输出	4	5	7
用户查询	3	4	6
内部存储	7	10	15
外部接口	5	7	10

2. 功能数

软件中诸多功能元素的加权因子之和即为该软件的功能数。

例如，某软件有一个数据录入窗（高复杂度）、一个用户注册窗（中等复杂度）、一个用户登录窗（低复杂度）、一个数据汇总报表打印输出（中等复杂度）、一个数据查询窗（中等复杂度）、一个数据存储表（中等复杂度）、一个用户存储表（低复杂度）、一个数据文件导出通道（中等复杂度），则该软件功能数的计算如下：

功能数 $= 6 + 4 + 3 + 5 + 4 + 10 + 7 + 7 = 46$

3. 功能点数

通过软件功能数可计算出软件的功能点数。

软件功能点数的计算式为

$$功能点数 = 总的功能数 \times (0.6 + 0.01 \times \sum F_i)$$

上面表达式中的 F_i 是软件复杂度调整值。通过回答表 2.2 中的问题，可确定软件复杂度的调整值。其有 14 个关联程度问题需要回答，可作出的判断有："没有关联——0""微弱关联——1""一般关联——3""很大关联——5"。

表 2.2　软件复杂度调整值

序号	问题	关联程度（F_i）		
		微弱关联——1	一般关联——3	很大关联——5
1	数据备份与恢复？	核心数据需要备份	基础数据需要备份	全部数据需要备份，并需要记录工作日志，以便于恢复系统
2	数据通信？	需要远程数据验证	需要远程数据存储	多用户远程数据通信协作
3	数据分布式处理？		事务数据本地处理，基础数据服务器提供	
4	高性能要求？	需要有良好的交互响应	需要快速导入大批量数据	需要对环境数据进行实时监控
5	高负荷操作环境？	涉及大批量数据汇总计算	必须同步处理多项事务	需要多服务器支持，以应对多用户服务阻塞
6	联机输入/输出数据？		需要	
7	多窗口切换？		需要	

续表

序号	问题	关联程度（F_i）		
		微弱关联——1	一般关联——3	很大关联——5
8	主数据文件联机更新？		需要	
9	数据输入、输出、查询、存储复杂度？	较低复杂度	一般复杂度	较高复杂度
10	数据内部处理复杂度？	较低复杂度	一般复杂度	较高复杂度
11	代码复用率？		需要考虑代码复用，以利于系统扩充改造	
12	系统须考虑平台转换？		需要	
13	系统须考虑多次安装？	可多次重复安装	可多次安装，并有多种安装配置模式	
14	系统须具有灵活性与易用性？		涉及多种数据输入与显示方式	多种输入与显示方式，并有很好的交互提示

例如，前面软件问题中的功能数是 46。假如该软件系统中的基础数据需要备份（一般关联），需要进行远程身份验证（微弱关联），有一般的联机数据显示与更新需要，并需要有满足一般安装功能的简单安装程序，以使软件可多次重复安装使用，则该软件的功能点数的计算如下：

$$功能点数 = 46 \times [0.6 + 0.01 \times (3 + 1 + 3 + 3)] = 32.2$$

4. 计算人力成本

如果要通过功能点数估算软件人力成本，则需要知道软件基于功能点数的生产率高低，即项目组成员人月均创建的功能点数与人均月工资数。

基于功能点的软件人力成本计算式为

软件人力成本=(软件功能点数/人月均功能点创建数)×人均月工资

例如，一个有 3 个成员的软件项目组，其每月能开发 90 个功能点，而该项目组人均月工资是 4000 元，则开发出 32.2 功能点软件的人力成本是：

软件人力成本= [32.2/(90/3)]×4000 = 4293（元）

实际成本估算时，还将涉及到程序实现语言的差异。一般地说，程序实现语言越是偏向高层应用，则实现一个功能点所需代码行数就越少，成本自然也就越低。

表 2.3 所列是一些常用程序设计语言的代码行与功能点的比值，其来自经验统计，因此并不精确，但可用来作成本评估参考。

表 2.3 常用程序设计语言的功能点与代码行的对应关系

程序设计语言	LOC/FP（平均值）
汇编语言	320
C 语言	128
VC++	64
Visual Basic	32
SQL	12

2.3.3　基于软件过程的成本估算

软件还可按照生产过程估算成本。软件的一般生产过程是：需求分析、概要设计、详细设计、编码实现。

生产过程中的每个阶段是一个任务单元，其主要人力成本因素有时间长短、参与人数、参与者工资待遇等。需要注意的是，不同阶段会有不同的参与者。

通常情况下，前期阶段以高层人员为主，如系统分析员、构架设计师，他们有相对较高的工资待遇，但人员数量较少，时间也一般较短。后期阶段则以低层人员为主，他们有相对较低的工资支出，但人员数量较多，时间也一般较长。

下面是对这种成本估算方法的举例。

目前需要开发一个"企业资源管理系统"，并考虑按系统分析、结构设计、算法设计、程序编码、系统集成等几个步骤安排项目进程，进行人员配置。

项目进度与人员配置见表 2.4。

表 2.4　进度安排与人员配置

任务名称	参加人员结构/人	完成周期/月
系统分析	项目经理：1 系统分析师：1 构架设计师：1 文档管理员：1	1
结构设计	项目经理：1 构架设计师：1 高级程序员：3 文档管理员：1	1
算法设计	项目经理：1 高级程序员：3 程序员：6 文档管理员：1	1
程序编码	项目经理：1 高级程序员：3 程序员：6 文档管理员：1	2
系统集成	项目经理：1 构架设计师：1 高级程序员：3 文档管理员：1	1

除了分阶段进行项目成员配置外，还需要考虑各阶段项目成员的工资标准，表 2.5 所列为该项目成员的工资标准。

表 2.5　工资标准

人员类别	月平均工资/元
项目经理	6000
系统分析师	6000
构架设计师	6000
高级程序员	4000
程序员	3000
文档管理员	2000

各阶段任务的人力成本是这个阶段所有成员工资之和，而整个软件的人力成本为各阶段人力成本之和。因此，可按以下表达式计算人力成本：

$$人力成本 = \sum_{阶段}\left(\sum_{职位}\left(职位人数 \times 职位工资标准\right)\right)$$

表 2.6 所列为开发"企业资源管理系统"的各阶段成本以及由各阶段成本累加而产生出来的总的人力成本。

表 2.6　人力成本

任务名称	阶段成本/元
系统分析	20000
体系结构设计	26000
详细算法设计	38000
编码	76000
系统集成	26000
人力总成本	186000

2.4　软件项目风险

软件开发涉及诸多不确定因素，如用户需求的不确定性、技术策略的不确定性等。这些不确定因素的存在使得软件开发有了各种各样的风险。例如，我们或许在使用一种新技术，并可能为新技术的功能强大惊叹，然而在获得强大功能的同时我们也在冒技术风险，因为，我们对新的技术缺乏良好的工程经验，因此，会有更大的出错概率。

值得注意的是，风险所影响的是项目的未来结果，我们只能判断其未来的发生概率，而并不能够百分之百地确定其影响。

2.4.1　风险类别

软件项目涉及多方面风险，如计划风险、管理风险、需求风险、技术风险、人员风险、产品风险、用户风险、市场风险等。

（1）计划风险：由计划的不确定性所致，如列入计划预算被压缩，已列入计划的专用设备、技术资料不能及时到位，产品的计划交付日期被提前等。

（2）管理风险：由管理的不确定性所致，如管理层意见可能不统一、管理制度可能不完善、管理行为可能不协调等。

（3）需求风险：由需求的不确定性所致，如需求内容可能遗漏、规格说明可能有歧义、用户有需求变更。

（4）技术风险：由技术的不确定性所致，如技术可能不够先进、技术可能不够成熟、可能缺乏有效的技术支持等。

（5）人员风险：由人员的不确定性所致，如项目成员可能缺乏较高职业素质、技术人员可能没有很好地掌握关键技术、技术骨干可能中途离职、新成员可能缺乏有效的培训等。

（6）产品风险：由产品的不确定性所致，如实际产品规模可能远远大于预计产品规模、产品可能不能获得预期的市场竞争力。

（7）用户风险：由用户的不确定性所致，如项目有可能很难从用户那里获得预期的支持与理解。

（8）市场风险：由市场的不确定性所致，如研制的软件产品可能不能获得预期的市场竞争力。

2.4.2　风险识别

风险调查是识别项目风险的有效途径。可以依据风险类别进行风险调查，以对项目风险有较全面的把握。下面是基于风险类别的相关调查提问。

1．针对计划风险的提问

（1）制订项目计划时是否对现实环境有较全面的考虑？

（2）项目计划是否留有余地，并能有效地应对项目计划的变更？

2．针对管理风险的提问

（1）管理团队是否由多方面专家组成，并有良好的集体协作能力？

（2）开发机构是否有能很好地适应软件生产的组织结构？

（3）开发机构是否建立起了较完善的项目管理规则？

3．针对需求风险的提问

（1）软件需求是否已被用户与开发者完全理解？

（2）软件需求是否已经过用户与开发者双方共同确认？

（3）需求规格定义是否已将用户需求完全包含进来？

（4）用户对软件提出的要求是否现实？

（5）软件需求是否稳定，是否会发生大的变更？

4．针对技术风险的提问

（1）项目所采用的技术是否能确保系统 5 年时间的有效应用？

（2）项目所采用的技术是否已有成功的项目范例供参考？

（3）项目组对所采用的技术是否有过成功应用的经验？

5．针对人员风险的提问

（1）项目组人员配备是否能够满足该系统的开发需求？

（2）开发人员对项目将采用的技术是否有较好的把握？

（3）项目组成员对工作是否有较高的满意度？

6. 针对产品风险的提问

（1）待开发系统的作用范围是否已有较清晰的边界定义？

（2）项目组是否有承担如此大规模系统开发的经验？

（3）项目组是否有与该系统相类似的其他系统开发的经验？

7. 针对用户风险的提问

（1）用户机构高层管理者对项目是否能够给予积极支持？

（2）软件最终操作者对有待创建的系统是否热情期盼？

8. 针对市场风险的提问

（1）待开发的软件是否已有较全面的市场调研？

（2）目前软件市场是否已有了同类型的软件产品？

（3）是否有比同类产品更强的市场竞争力？

2.4.3 风险评估

风险评估需要考虑的是：风险有多大的发生概率？风险可带来多大的损害？

1. 评估风险概率

评估风险概率，即确定风险事件发生的可能性有多大。

大多数情况下，我们只能凭借已有的项目管理经验对风险概率作出初步估计，然后再根据当前项目的实际情况对这个经验数据加以修正。

例如，项目组成员流动风险。假设某个软件项目组有 10 个成员，但其中有一位女设计师最近结婚，并有生子休产假计划；另外还有一位年轻设计师准备考研，有离职求学的可能。假如一般成员中途离职的概率是 0.1，但有生子计划的女设计师与有考研计划的年轻设计师是特例，因此，需要将他们的离职概率修正为 0.7。

根据以上描述，可以对该项目组成员的离职概率进行以下估算：

$$离职概率 = (8 \times 0.1 + 2 \times 0.7)/10 = 0.22$$

2. 评估风险影响力

假如某个风险事件的发生概率很低，则它尽管有发生的可能，但其影响力并不大。

然而风险影响力不能仅考虑风险概率，而且还需要考虑风险事件一旦发生的危害程度。例如，飞机控制程序，尽管其出错的概率极低，但一旦发生则可能导致机毁人亡，因此，必须高度关注。

一种来自美国空军的项目风险评价体系是，将风险影响范围考虑为质量、成本、支持、进度这四个方面，而风险事件发生后的危害程度应考虑为灾难、严重、轻微、可忽略四个级别。表 2.7 所列是对这四个级别的详细说明。

风险影响力是风险概率与风险危害程度的乘积，即

$$风险影响力 = 风险概率 \times 危害程度$$

举例：某软件系统被设计为由 100 个可复用组件构造，但其中的 30 个组件有特殊需求，并估计有 60% 的可能需要专门定制，而定制一个组件的费用比使用已有组件的费用高出 1000元，还需要额外增加 3 个人日的工作时间。

表 2.7　风险评价体系

影响范围 危害程度	性能	支持	成本	进度
灾难	性能指标显著下降	不能修改、扩充	资金短缺	无法按期完成
严重	性能指标有一定程度的下降	较难修改、扩充	资金不足	可能延期
轻微	性能指标有较小程度的下降	较易修改、扩充	资金有保障	可按期完成
可忽略	性能指标没有下降	便于修改、扩充	可低于预算	将提前完成

根据以上描述可以计算出该软件系统组件复用时对成本、进度的风险影响力为

成本影响力= 0.6 ×(30 × 1000)= 18000 元

进度影响力= 0.6 ×(30 × 3)= 54 人日

2.4.4　风险防范

可以从风险规避、风险监控、风险应急与风险计划这四个方面进行风险防范。

1. 风险规避

风险规避所考虑的是如何制定有效的风险预防措施以缓解风险的发生，包括降低风险发生概率、限制风险影响范围、减小风险危害程度。

例如，项目组成员的流动。这是许多软件项目都存在的风险，可能带来的危害是使项目工作出现混乱，使项目技术外流，还可能使项目进度延期、项目成本提高、产品质量降低。因此，有必要采取合理措施以减少项目成员的流动，降低其危害性。

针对项目组成员的流动的风险，可以考虑的规避措施是：

（1）改善工作环境，建立公平合理的业绩评价体系，以提高成员对当前工作的满意度与成就感。

（2）增强情感交流，了解成员在工作和生活中遇到的困难，并能给予适当帮助，以使成员能够更加重视当前的工作。

（3）加强配置管理，以使项目工作及成果可追踪，防止项目技术被个人垄断。

（4）重视新人培养，针对关键性技术工作还应建立有效的后备人员制度，以使得当某关键技术人员出现流动时，其工作能够快速方便地转移给后备人员。

2. 风险监控

风险监控是对风险规避的补充，以达到对项目风险更好的预防。

下面是针对项目组成员流动的风险监控：

（1）项目组成员之间的任务合作与交流。

（2）项目组成员的工作态度。

（3）项目组成员对工资、奖金的满意度。

（4）项目文档的规范化程度与可读性。

（5）项目配置管理工作的质量。

3. 风险应急

风险应急指的是当风险最终成为现实后应该采取的对策。

通常情况下，有效的风险预防可降低风险影响力。

然而也有一些风险，无论之前的预防措施如何周密，只要其成为现实就必然带来很大的影响。例如，前面举例中的组件复用风险，尽管可通过改善软件规格、严格按标准设计应用接口等措施提高组件复用率，但只要某个组件不能复用，则必然带来定制费用。

显然，对于这类风险不得不有应急措施。

4. 风险计划

为实现对项目风险的有效管理，还必须制订风险计划。风险规避、风险监控与风险应急等应该列入风险计划之中。

在制订项目计划的同时，即可制订出风险计划。然而，如果项目风险很多很复杂，则有必要单独编制，以提高风险计划的清晰度。

大多数的风险是低概率的，并且有很低的影响力。实际上，风险计划一般只列入 20%的高概率或高破坏性风险，以减轻风险计划编制负担，并使主要风险能得到高度重视。

可以参照表 2.8 的样式制订风险计划。

表 2.8　风险计划表

风险名称	组件复用风险		类别	技术风险
概率	60%		影响程度	严重
风险说明	因有特殊需求，可能有 30 个组件不能复用而需要专门定制，并可能使项目成本、进度受到影响 成本影响力= 0.6 ×(30 ×1000)= 18000 元 进度影响力= 0.6 ×(30 × 3)= 54 人·日			
发生阶段	需求阶段、设计阶段			
预防措施	尽量基于标准组件库建立软件规格，并严格按标准设计应用接口			
监控措施	严格按组件复用标准进行需求与设计评审			
应急措施	按照该风险成本影响力，应该预留 18000 元作为风险应急资金 按照该风险进度影响力，应该在项目进度计划中安排 54 人·日的任务机动			

2.5　项目文档管理

软件文档是工程模式软件开发的成果体现。然而，软件文档要能产生很好的工程效应，还必须要有管理规范的支持。

2.5.1　文档概念

软件文档是软件开发、维护与使用中需要依赖的资源，具有永久性，可以由人或机器阅读。软件文档可体现出以下几方面的用途：

（1）软件开发的阶段性工作成果与里程碑标志。

（2）提高软件开发过程的能见度。

（3）提高软件开发效率。

（4）可方便软件的使用与维护。

（5）可方便潜在用户了解或选购软件。

2.5.2 文档分类

1. 按照软件文档形式分类

（1）正式文档：必须建立的各种技术资料、管理资料，一般要有文档编码号，并需要进行专门的归档管理。

（2）非正式文档：根据需要随时创建的并且无须归档的模型或工作表格。

2. 按照软件文档使用范围分类

（1）技术文档：软件开发人员的技术性工作成果，如需求规格说明书、数据设计说明书、概要设计说明书、详细设计说明书。

（2）管理文档：软件开发人员的工作计划或工作报告，如项目开发计划书、软件测试计划书、开发进度月报、项目总结报告。

（3）用户文档：软件开发人员为用户准备的软件操作使用说明，如用户手册、操作手册、维护说明。

3. 按照国家标准分类

按照国家标准《计算机软件产品开发文件编制指南》（GB 8567－88）的要求，在一项计算机软件的开发过程中，一般应该产生以下若干种有关软件的文档资料：

（1）可行性研究报告。

（2）项目开发计划。

（3）需求规格说明书。

（4）测试计划。

（5）概要设计说明书。

（6）数据库设计说明书。

（7）详细设计说明书。

（8）模块开发卷宗。

（9）用户操作手册。

（10）系统维护手册。

（11）测试分析报告。

（12）系统试运行计划。

（13）开发进度月报。

（14）项目开发总结报告。

2.5.3 软件文档与软件生存周期之间的关系

可将软件生存周期划分为以下 6 个阶段：项目论证阶段、需求分析阶段、软件设计阶段、软件实现阶段、软件测试阶段、软件运行与维护阶段。不同的阶段将会有不同的软件文档输出，具体对应关系见表 2.9。

表 2.9　软件开发不同阶段需要产生的文档

文档 ＼ 阶段	立项论证阶段	需求分析阶段	设计阶段	实现阶段	测试阶段	运行与维护阶段
可行性研究报告	■					
项目开发计划	■					
需求规格说明书		■				
测试计划		■	■			
概要设计说明书			■			
数据库设计说明书			■			
详细设计说明书			■			
模块开发卷宗				■	■	
用户操作手册			■	■	■	
系统维护手册					■	
测试分析报告					■	
系统试运行计划					■	
开发进度月报					■	
项目开发总结						

2.5.4　文档的使用者

软件项目的管理者、软件的创建者和维护者，以及软件的最终用户，都将需要使用软件文档。他们分别承担着不同的职责，并因职责的不同而需要使用到不同的文档。

1. 管理人员

（1）可行性研究报告。

（2）项目开发计划。

（3）模块开发卷宗。

（4）开发进度月报。

（5）项目开发总结报告。

2. 开发人员

（1）可行性研究报告。

（2）项目开发计划。

（3）需求规格说明书。

（4）详细设计说明书

（5）数据库设计说明书。

（6）测试计划。

（7）测试分析报告。

3. 维护人员

（1）设计说明书。

（2）测试分析报告。

（3）模块开发卷宗。

4. 最终用户

（1）用户手册。

（2）操作手册。

（3）系统维护手册。

2.5.5 文档编码

为使文档能获得规范管理，所有正式的软件文档都有必要加编码号（用作文档的唯一标识），并需要有相应的文档编码规则与其配套。

文档编码要求能够体现出文档的基本特征，如开发机构标识、文件种类标识、项目标识、软件标识、创建年月、顺序号和版本号等。下面是一些常用的文档编码规则。

（1）开发机构标识：由开发机构英文名称单词缩写或汉字名称拼音首字母等字符组成。如新时代软件技术有限公司，其标识可为：XSD。

（2）文件种类标识：由 1～2 个字符组成，用于说明文档归类。如 R 表示需求分析类，D 表示设计说明类，C 表示源代码类，M 表示用户文档类。

（3）项目标识：由项目英文名称单词缩写或汉字名称拼音首字母等字符组成。如学校工作流平台研发，其标识可为：XXGZLPTYF。

（4）软件标识：由项目中需要开发的某软件的英文名称单词缩写或汉字名称拼音首字母等字符组成。如教务工作流系统，其标识可为：JWGZLXT。

（5）创建年月号：由四个数字组成，前两个数字为年份，后两个数字为月份。如 0208，即表示是在 2002 年 8 月创建的。

（6）分类顺序号：由四位数字组成，用于表示所在文件类中的文件连续计数。

（7）版本号：由数字组成，表示文件的更新次数。

例如，新时代软件技术有限公司针对学校工作流平台研发项目中的教务工作流系统于 2007 年 6 月 18 日编写了"需求规格说明书"的第一版，根据上述编码规则，可以得出该文档的编码号是：XSD -R- XXGZLPTYF- JWGZLXT-070618-0002-1。

需要注意的是，文档编码规范可能与开发机构历史有关，以致不同的开发机构可能会有不同的文档编码规范，但无论采取什么样的编码规范，目的都是更好地管理文档。

2.5.6 文档格式

通常情况下，正式的软件文档需要包含封面、目录、版本更新说明、文档内容等成分，如图 2.8 所示。

1. 封面

文档封面需要体现的内容有软件项目名称、文档名称、文档编码、保密级别、版本号、完成日期、作者姓名、软件机构名称等。

图 2.8　软件文档组成

2．目录

目录可采用手工编辑或是通过文档编辑软件自动生成。

3．版本更新说明

当文档内容有更改时，如产生了文档的第二版、第三版时，需要加进版本更新说明，内容包括新版本号、旧版本号、更新日期、更新理由、责任人等。

4．文档内容

文档内容主要成分如下：

（1）标题：文档须按层次关系建立标题，以方便目录的编制。标题一般不使用标点符号，并按照科学编码法，从 1、1.1、1.1.1 开始编号。

通常情况下，一级标题使用四号加粗宋体，二级标题使用五号加粗宋体，三级标题使用五号普通宋体。例如，图 2.9 所示为多级标题样式。

图 2.9　文档中的多级标题

（2）正文：通常情况下，正文中的中文使用五号普通宋体，英文使用 Times New Roman 字体。

（3）图表：图片不能跨页。表格可以跨页，但表格的第 2 页必须要有表头。图表需要编排顺序号，一般按一级标题编排，例如图 1.1、表 1.1。

（4）引用文献：文档中需要引用文献时，需要使用方框号"[ ]"引用，例如"参看文献[6，7]"。

（5）术语：科技术语应该采用国家标准（或行业标准）规定的（或通用的）术语或名称。对于新名词或特殊名词，需要在适当位置加以说明或注解。对于英文缩写词，应该在文中第一次出现时用括号给出英文全文。注意文中名词术语的统一性。

（6）参考文献：参考文献应按在文档中引用的先后次序排列。

● 著作文献的编排格式是：

序号　作者　书名　出版单位　出版年份　引用部分起止页

● 翻译文献的编排格式是：

序号　作者　书名　翻译者　出版单位　出版年份　引用部分起止页

（7）附录：需要收录于文档但又不适合写进正文中的内容，如附加资料、公式推导等。若有多个附录，可以采用序号如附录 A、附录 B 加以区别。

（8）索引：为了便于检索文中的内容，可编制索引置于文章之后。索引以文档中的专业词语为关键字进行检索，指出其相关内容所在的页码。中文词句索引按拼音排序，英文词句索引按英文字母排序。

（9）页眉、页脚：一般页眉处标明一级标题名称，页脚处标明页码、日期，以保证单独的一页文档也能显示其正确属性。

2.6 项目配置管理

2.6.1 软件配置概念

所谓软件配置，就是基于软件生产轨迹进行过程控制与产品追踪，其贯穿整个软件生存周期，可使软件开发中产生的各种成果具有一致性。

软件开发将会产生许多方面的成果，如软件需求规格说明书、软件设计说明书、软件测试计划、软件源程序清单等。通常，我们要求这些成果具有一致性。然而，软件开发时所涉及问题的复杂性与不确定性则可能给开发工作带来混乱，并可能因此带来成果内容的不一致。例如，软件需求变更，也许我们根据用户的变更请求修改了源程序，但需求规格说明与软件设计说明却遗漏了这种变更，于是源程序与需求说明、设计说明之间就有了不一致的内容。

实际上，软件还必须考虑今后的维护，然而如果需要维护的软件的规格、设计与程序清单是不一致的，则今后的维护工作也必然会出现混乱。

软件配置管理可用来克服软件开发与维护时的混乱。

软件配置的主要任务有软件配置规划、软件变更控制和软件版本控制。显然，这是一项非常专业的工作，对此许多软件开发机构设置了专门的软件配置部门，以提高配置管理工作的专业化程度，并使得软件开发中取得的成果能够被集中管理。

软件项目组通常配备有专门的配置管理员承担软件配置任务，其作为项目负责人的重要助手进行软件开发任务的分配与软件成果的归档。

2.6.2 配置规划

1. 设置配置基线

软件开发过程被划分为几个阶段，每个阶段都将产生成果。配置基线是基于阶段任务定义的，并体现为某个阶段的所有成果的集合。

当需要对软件进行配置管理时，各个阶段中的每一项成果都要求作为配置项进行标识，基线则是各个阶段中所有软件配置项的集合。

设置配置基线是实现软件配置管理的基础，可使软件生产获得有效的监控与追踪。实际上，在基于里程碑的工程过程中，配置基线是一个清晰的里程碑标记，可使项目负责人清楚地知道是否到达了里程碑目标。

配置基线一般按照软件过程阶段进行设置，几个主要的软件阶段是：需求分析阶段、软件设计阶段、软件实现阶段，与它们对应的配置基线是：需求基线、设计基线与产品基线。

（1）需求基线中的配置项：需求规格说明书、系统验收计划等。

（2）设计基线中的配置项：概要设计说明书、详细设计说明书、数据库设计说明书、系统集成计划、单元测试计划等。

（3）产品基线中的配置项：源程序文件、数据文件、数据库脚本、测试数据、可运行系统、使用说明书等。

2．标识配置项

标识配置项就是给软件配置中的每个配置项一个唯一的标记，以使它们能够被清楚地识别与追踪。

根据软件配置项的内容特征，其分为基本配置项和复合配置项两大类。例如，某一份测试计划、某一组测试数据、某一个源程序文件、某一个数据文件、某一个数据表等，由于具有单一元素特征，因此，可看作基本配置项；某一个测试方案、某一个组件包或某一个子系统，由许多个元素组成，因此，被看作是复合配置项。

无论是基本配置项还是复合配置项，都需要进行配置标识，以使其有唯一的标记。配置项一般还需要通过一组信息加以细节说明，如名称、描述、资源、实现途径等。为使诸多配置项能够得到有效的管理，通常还要建立分层目录组织它们，以便于表现复合配置项中更小的软件配置项。

3．建立配置库

软件配置管理需要建立三个配置库：开发库、基线库和产品库。

（1）开发库（Development Library）。

开发库是一个面向开发人员的成果库，其成果一般是临时的，大多是有待进一步完善的半成品。

每个开发人员都应该有属于自己的开发库，以防止出现成果混乱。

当开发人员进入开发环境时，可以从开发库提取（Check Out）开发资源进行系统创建；当开发人员退出开发环境时，可以把新建资源或经过更新的资源保存（Check In）到开发库中。

可通过开发库动态追踪开发人员的工作轨迹或还原其以前的工作状态。实际上，由于有了开发库，开发过程中的软件变更会变得相对便于管理一些。

（2）基线库（Baseline Library）。

基线库是一个面向项目组的成果库，用来保存被确认的基线成果。通常情况下，如果开发库中的软件半成品经过评审而确认达到了基线标准，就可从开发库移入基线库。

基线库的操作方式类似开发库，但这是一个受到严格变更控制的配置库，里面的配置项处于半冻结状态，只有项目组配置管理员或项目负责人具有操作权限，并需要经过严格评审才能发生变更。这也就是说，除非有十分充足的变更理由，否则基线库中的内容是不允许改变的。

（3）产品库（Product Library）。

产品库是一个面向软件开发机构的成果库，用来保存最终产品。产品库的管理权一般属于软件机构中的配置管理部，只有该部门的工作人员才具有操作权限。

当软件开发任务全部完成之后，最终产品中的一切成果，如程序、数据、文档，都需要由基线库移入产品库。产品库要求处于完全冻结状态，里面的配置项原则上不允许变更。通常情况下，只有当软件需要进行错误修正或进行版本进化时才允许进行变更。

2.6.3　软件变更控制

软件开发时可能会有变更发生，然而需要配置管理进行严格控制。如果不能有效地控制好变更，势必会造成项目混乱，可能会给软件带来严重错误。

当软件成果还只是驻留在开发库时，开发者对软件中的错误修正可看作开发库授权者的自主行为，无须专门的变更审查。但是，当软件成果被移入基线库后，任何有关软件成果的变更都不能是无约束的自主行为，而是必须受到专门的变更审查。

基线是用来体现阶段任务的。实际上，随着软件成果由开发库向基线库的一次完整移交的完成，开发中的某个阶段的任务也随之全部完成。我们所要求的是，项目能够按照基线实现成果的追踪，进行成果一致性控制。例如，我们在实现软件时发现了一个设计错误，然而对这个错误的修正不能只考虑程序，而必须遵守变更规则，并依照变更规则将与这个修正有关联的所有成果（如规格说明、设计说明）都考虑进来，以确保成果的一致性。

软件变更控制一般会涉及以下两个方面的问题：设置变更控制点和确定变更步骤。其中的变更步骤是一种管理制度，主要有以下几个步骤：

（1）提交书面的变更请求，详细说明变更的理由、变更方案、变更的影响范围等。

（2）变更控制机构对变更请求作出较全面的评价，如变更的合理性、方案的技术价值与副作用、对其他配置项及整个系统的影响等。

（3）评价结果以变更报告形式提交给变更控制负责人确认。

（4）变更控制负责人执行变更。

上述步骤中，对变更的评价是最重要的一个环节。例如来自用户的需求变更，如果经过评价确认变更代价较小，并且不会影响到系统的其他部分，则通常批准这个变更。如果变更的代价比较高，或影响到了系统整体结构，则必须认真进行利弊分析，以确定是否同意进行这种变更。

2.6.4　软件版本控制

软件开发过程中会产生出许多版本。每一个版本可看作是有关程序、文档、数据的一次完整收集。

软件的多种版本的用途首先体现在软件的适应性上。通常，不同的操作系统或不同的用户类别对软件会有不同的要求，因此，需要有不同的软件版本适应。

软件版本还可用来控制软件进化。开发机构往往通过发布新的软件版本而使软件逐步完善——从测试版本到正式版本，再到升级版本。

当然，软件版本也需要进行配置管理，否则也可能会给软件带来混乱。通常，软件版本可通过版本号进行标识，并可利用版本控制工具进行管理。为对软件版本进行有效控制，其版本号要求按照一定的规则逐步升级，图 2.10 反映了软件版本的有规则的升级，图中的每一个节点代表着一个版本。

图 2.10　软件版本演变

2.7　项目质量管理

所谓软件质量，就是对软件品质的优劣评价。很显然，软件开发者应该开发出高质量的软件产品，以便更好地满足用户应用。然而，高质量的软件产品并不容易获得。

来自经验的结论是：严格有效的软件质量管理可带来高质量的软件产品。

软件质量管理涉及的问题有质量标准、质量计划、质量保证与质量指标。下面就从这四个方面介绍软件质量管理。

2.7.1　质量标准

1. 质量标准分类

软件质量标准是有关软件质量的纲领性规定，是建立有效的质量保证体系的基础，是评价软件质量好坏的基本依据。

根据制定质量标准机构的不同，可分为国际标准、国家标准、地区标准、行业标准，分别由国际机构、国家行政部门、地区行政部门或行业组织制定。例如，《质量管理和质量保证》（ISO9000），是由国际标准化组织（ISO）制定的，为国际标准；而《质量管理与质量保证标准》（GB/T 10300），是由国家技术监督局参照 ISO9000 制定的，为国家标准。

有人认为国际质量标准一定高于国家质量标准，国家质量标准又一定高于地方质量标准，而实际情形可能刚好相反，往往是，国家质量标准基于国际质量标准而建立，还根据自己国家特定的需要加进了一些特别限制，因此，国家质量标准往往要高于国际质量标准。实际上，一些较大的软件开发机构也可根据自身特点，并参照国际标准、国家标准，制定出有自己企业特征的质量标准。显然，这样的质量标准有更高的质量要求。

软件质量标准涉及产品标准与过程标准两个方面的内容：

（1）产品标准：用于定义被开发的软件成果需要遵守的标准，如文档标准、编码标准、接口标准。

（2）过程标准：用于定义软件开发时必须遵循的工作流程与活动规则。

需要注意的是，软件产品必然需要基于一定的过程形成，因此，软件的产品标准将依赖于过程标准。通常，产品标准用于规定过程结果，而过程标准用于规定获取产品的步骤与活动。

2. ISO9000 质量标准

国际标准化组织（ISO）于 1987 年发布了《质量管理和质量保证》（ISO9000）系列标准。

这是一套具有较强指导性和实用性的针对产品生产过程作出质量保证的国际标准,在国际标准化组织的强力推动下, 目前已有 50 多个国家和地区采用了这套标准,并制定了对应于该系列标准的国家标准。如欧洲共同体的 EN2900 标准、美国的 ANSI/ASQOQ90 标准、英国的 BS5750标准、我国的 GB/T 19000 系列标准。

ISO9000 系列标准共分为 5 个组成部分,即 ISO9000、ISO9001、ISO9002、ISO9003、ISO9004。

ISO9000 是该系列标准的选用指南,并为 ISO9001、ISO9002、ISO9003、ISO9004 的应用建立了准则。它主要阐述了质量概念、质量体系环境特点、质量体系国际标准分类,并对合同环境中质量体系国际标准的应用作出了说明:

ISO9001 是有关开发、设计、生产、安装和服务的质量保证标准。

ISO9002 是有关生产和安装的质量保证标准。

ISO9003 是有关最终检验和试验的质量保证标准。

ISO9004 是质量管理和质量体系要素的指南,是非合同环境中用于指导企业管理的标准,可为企业内部质量管理提供操作指南。

2.7.2　质量计划

为了使所采用的质量标准能够在项目中得到有效贯彻,需要编制质量计划。

质量计划中需要说明将采用什么质量标准,需要明确规定什么样的软件产品才是符合质量要求的软件产品,需要考虑将通过什么途径、措施、步骤使软件产品达到规定的质量要求。

通常情况下,可从以下几个方面考虑质量计划的编制:

(1) 过程质量,涉及的内容有制造过程质量规范、维护服务质量规范。

(2) 产品质量,涉及的内容有产品质量标准、产品质量属性(如系统最大出错概率、系统交互最大响应时限、系统最小内存要求)。

(3) 质量风险,涉及的内容有潜在的质量风险、风险应对措施。

2.7.3　质量保证

1. SQA 小组

为了保证软件质量,许多软件开发机构设立有 SQA 小组。这是一个专门负责软件质量保证任务的工作小组,其中的 SQA 是英文 Software Quality Assurance 的缩写。

SQA 小组要求由技术专家、领域专家、用户代表等诸多方面的成员组成,他们将共同承担软件质量保证工作。

SQA 小组一般从以下几方面进行质量保证工作:

(1) 制订软件质量保证计划。

(2) 按照质量计划中的过程质量标准对软件过程进行质量评审。

(3) 按照质量计划中的产品质量标准对软件产品进行质量评审。

(4) 记录软件过程与软件产品中存在的质量缺陷。

(5) 编写软件质量报告,并向负责软件质量的上级汇报软件质量。

2. 质量评审

质量评审是一种很传统的但却非常有效的质量控制手段,能够实现对软件质量的全面监督、检查与控制。实际上，尽管已经有了许多用于质量评价的软件工具，但这些工具大多只起辅助作用，一般只能针对某个局部问题进行质量评估，而对软件质量的整体评价仍依赖于质量评审。

质量评审有质量走查和质量审查两种形式。

（1）质量走查。

质量走查是一种非正式的有较大随意性的质量评审，可在软件开发的任何时候进行。因此，质量走查往往被看作是项目小组内部的不定期自审。

质量走查一般是由项目负责人召集项目相关人员进行，内容涉及项目进展、文档规范化程度、源程序清晰度等。

（2）质量审查。

质量审查则是一种比较正式的质量评审，要求与里程碑过程管理结合，以方便基于里程碑进行质量控制。

质量审查一般由 SQA 小组负责实施。为使质量审查能够在较短时间里完成，SQA 小组可要求项目小组在进行正式的质量审查前先进行走查式自审。

质量审查可按以下步骤进行：

1）综述：由需要评审的阶段成果的责任人向评审小组对该成果作概要说明，并在综述会议结束后把该成果详细报告分发给评审人员。

2）准备：评审人员仔细阅读需要评审的阶段成果的详细报告，然后列出在准备性审查中发现的错误，并按照错误发生频率对错误进行分级，以利于最常发生错误的区域能获取到更多的注意力。

3）审查：评审小组按照成果产生的路线、步骤仔细检查成果的每个细节，并尽力找出成果中的所有错误。

4）返工：由成果责任人负责改正在评审报告中列出的所有错误。

5）跟踪：检查每个错误的返工修正，并确保没有引入新的错误。

2.7.4 质量指标

1. 软件可靠性

软件可靠性是很重要的软件质量指标。软件可靠性的定义是：在给定的时间段内，程序按照规格要求无故障运行的概率。

显然，软件可靠性与软件运行时间长短有密切关系。一般地，软件运行时间越长，则软件发生故障的概率也就越大，其可靠性也就越低。

软件可靠性是可进行测量的统计指标。例如，对某程序进行 100 次 24 小时无间断运行质量测评，若其中有 3 次运行中途发生了故障，则由该检测可得出该程序 24 小时无间断运行的可靠性是 97%。

2. 软件可用性

软件质量还可通过可用性进行评估。

软件可用性的定义是：在给定的时间点上，程序按照规格要求无故障运行的概率。

软件可用性涉及平均无故障时间与平均故障修复时间两个可测量参数，并一般使用稳态可用性进行评价计算，其计算式为

稳态可用性=平均无故障时间/(平均无故障时间+平均故障修复时间)×100%

显然，如果软件平均无故障时间越长且软件平均故障修复时间越短，则软件可用性就越高。例如，对某程序进行质量测评，其在运行 100 小时后出现故障，经过 1 小时修复后继续运行，并在运行 120 小时后又出现故障，又经过 2 小时修复再次进入正常运行。

平均无故障时间=(100 + 120)/2 = 110 小时

平均故障修复时间=(1 + 2)/2 = 1.5 小时

稳态可用性= 110/(110 + 1.5)×100% = 98.7 %

2.8　软件企业能力成熟度模型（CMM）

1987 年美国卡内基梅隆大学软件工程研究所推出了软件能力成熟度模型（Capability Maturity Model，CMM）。CMM 对软件组织在定义、实施、度量、控制和改善其软件过程的实践中的各个发展阶段进行了说明，成为了软件企业生产过程成熟度评估标准，并成为了改进软件企业软件工程过程与提高软件企业生产率及质量的依据。

2.8.1　能力成熟度等级

CMM 将软件过程的成熟度分为 5 个等级：初始级、可重复级、已定义级、已管理级、优化级，下面是这 5 个等级的特征说明。

（1）初始级（Initial）。工作无序，项目进行过程中常放弃当初的计划。管理无章法，缺乏健全的管理制度。开发项目成效不稳定，项目成功主要依靠项目负责人的经验和能力，一旦项目负责人变更，工作秩序将面目全非。

（2）可重复级（Repeatable）。管理制度化，建立了基本的管理制度和规程，管理工作有章可循。 初步实现标准化，开发工作比较好地按标准实施。有了配置管理，变更依法进行，做到了基线化，稳定可跟踪。新项目的计划和管理基于过去的实践经验，具有了重复以前成功项目的环境和条件。

（3）已定义级（Defined）。开发过程，包括技术工作和管理工作，均已实现标准化、文档化。建立了完善的培训制度和专家评审制度，全部技术活动和管理活动均可控制，对项目进行中的过程、岗位和职责均有共同的理解 。

（4）已管理级（Managed）。产品和过程已建立了定量的质量目标。开发活动中的生产率和质量是可量度的。已建立过程数据库。已实现项目产品和过程的控制。可预测过程和产品质量趋势，如预测偏差，实现及时纠正。

（5）优化级（Optimizing）。可集中精力改进过程，采用新技术、新方法。拥有防止出现缺陷、识别薄弱环节以及加以改进的手段。可取得过程有效性的统计数据，并可以此为依据进行分析，从而得出最佳方法。

2.8.2　软件过程进化

CMM 认为，软件工程过程是可进化的，任何软件企业只要能够持续努力去建立有效的软件工程过程，不断地进行软件过程管理的实践与改进，则其软件工程过程就可不断地走向成熟、趋于完善。

CMM 为软件企业的过程能力的提高提供了一个基于成熟度等级的阶梯式改进框架，其中初始级是混沌的软件过程，可重复级是经过训练的软件过程，定义级是标准一致的软件过程，管理级是可预测的软件过程，优化级是能持续改善的软件过程。

任何软件组织所实施的软件过程，都可能在某一方面比较成熟，在另一方面不够成熟，但总体上必然属于这 5 个层次中的某一个层次。而在某个层次内部，也有成熟程度的区别。在 CMM 框架的不同层次中，需要解决带有不同层次特征的软件过程问题。因此，一个软件开发组织首先需要了解自己正处于哪一个层次，然后才能够针对该层次的特殊要求解决相关问题，这样才能收到事半功倍的软件过程改善效果。

任何软件开发组织在致力于软件过程改善时，只能由所处的层次向紧邻的上一层次进化。而且在由某一成熟层次向上一更成熟层次进化时，在原有层次中的那些已经具备的能力还必须得到保持与发扬。

CMM 过程改进框架是一个行动指南，它指明了一个软件组织在软件开发方面需要管理的主要工作、这些工作之间的关系，以及以怎样的先后次序一步一步地做好这些工作，由此而使得软件组织逐步地从无定规的混沌过程向训练有素的成熟过程演进。

2.8.3　个人软件过程（PSP）

CMM 提供了软件过程改进框架，使软件过程改进有了依据。但 CMM 没能提供过程改进的行为机制。为了弥补这一缺陷，卡内基梅隆大学软件工程研究所于 1995 年推出了个人软件过程（Personal Software Process，PSP）。

CMM 面向整个软件组织，侧重的是软件企业中有关软件过程的宏观管理。PSP 面向软件开发人员，侧重的软件企业中有关软件过程的微观优化。因此，CMM、PSP 二者互相支持，互相补充。因此，为提升个人能力而进行的基于 PSP 的软件工程师培训，是提升软件企业的软件能力成熟度的重要内容之一。

PSP 提供了针对软件工程师个体的软件过程原则，被用来控制、管理和改进软件工程师的个人工程行为，以带来软件工程师个人工程行为的持续改进。

PSP 不受具体软件技术（如程序设计语言、软件工具或软件设计方法）的局限，其原则能够应用到几乎任何的软件工程任务之中。

作为个人软件过程工程框架，PSP 涉及软件工程师个体软件工程活动的各个方面，其内容包括：①帮助软件工程师制订准确的个人过程计划；②确定软件工程师为改善产品质量要采取的步骤；③建立度量个体软件过程改善的基准；④确定过程的改变对软件工程师能力的影响。

2.8.4　团队软件过程（TSP）

CMM 应用还涉及到团队行为。因此，卡内基梅隆大学软件工程研究所在 PSP 基础上，又于 1998 年推出了团队软件过程（Team Software Process，TSP），以对软件开发团队提供行为指导，帮助软件开发团队改善其质量和生产率，使其更好地实现成本及进度目标。

1. TSP 自主团队

TSP 应用的首要问题是建立能够自我管理、自我完善的自主团队。基于 TSP 组建自主团队的原则是：

（1）遵循确定的、可重复的与迅速反馈的过程，以使团队培训最有成效。

（2）团队目标、团队工作环境、技术指导人、行政领导人，这 4 个方面的因素综合决定了团队品质，因此，应该在这 4 个方面同时努力，而不能偏废其中任何一个方面。

（3）及时总结经验教训，当受训者在项目中面临实际问题并寻求有效的解决方案时，就会更深刻地体会到 TSP 的价值。

（4）借鉴前人经验进行团队过程改进，包括工程经验、科学原则、培训方法等。

2. TSP 过程规则

可基于以下规则设定 TSP 过程：

（1）循序渐进：首先在 PSP 的基础上提出一个简单的过程框架，然后逐步完善。

（2）迭代开发：选用增量式迭代开发方法，通过几个循环开发一个产品。

（3）质量优先：对按 TSP 开发的软件产品，建立质量和性能的度量标准。

（4）目标明确：对实施 TSP 的群组及其成员的工作效果提供准确的度量。

（5）定期评审：在 TSP 的实施过程中，对角色和群组进行定期的评价。

（6）过程规范：对每一个项目的 TSP 规定明确的过程规范。

（7）指令明确：对实施 TSP 中可能遇到的问题提供解决指南。

3. TSP 项目特征

TSP 项目由一系列阶段组成，各阶段均由计划会议发起。

（1）在首次计划中，TSP 组将制订项目整体规划和下阶段详细计划。TSP 组员在详细计划的指导下跟踪计划中各种活动的执行情况。

（2）首次计划后，原定的下阶段计划会在周期性的计划制订中不断得到更新。通常无法制订超过 3～4 个月的详细计划。所以，TSP 根据项目的情况，每 3～4 个月为一阶段，并在各个阶段进行重建。

（3）无论何时，只要计划不再适应工作，就进行更新。当工作中发生重大变故或成员关系调整时，计划也将得到更新。在计划的制订和修正中，将定义项目的生存周期和开发策略，这有助于更好地把握整个项目开发的阶段、活动及产品情况。每项活动都用一系列明确的步骤、精确的测量方法及开始、结束标志加以定义。

（4）在设计时将制订完成活动所需的计划，估计产品的规模、各项活动的耗时、可能的缺陷率及去除率，并通过活动的完成情况重新修正进度数据。

（5）开发策略用于确保 TSP 的规则得到自始至终的维护。TSP 由诸多构成循环的阶段组成，并遵循交互性原则，以便每一阶段和循环都能在上一循环所获信息的基础上得以重新规划。

4. TSP 实施原则

在实施 TSP 的过程中，应该自始至终贯彻集体管理与自我管理相结合的原则。具体地，应该遵循以下 6 项原则：

（1）计划工作的原则：在每一阶段开始时要制订工作计划，规定明确的目标。

（2）实事求是的原则：目标不应过高也不应过低而应实事求是，在检查计划时如果发现未能完成或者已经超越规定的目标，应该分析原因，并根据实际情况对原有计划作必要的修改。

（3）动态监控的原则：一方面应该定期追踪项目进展状态并向有关人员汇报，另一方面应该经常评审自己是否在按 PSP 原理进行工作。

（4）自我管理的原则：开发小组成员如果发现过程不合适，应该主动、及时地进行改进，以保证始终用高质量的过程来生产高质量的软件，任何消极埋怨或坐视等待的态度都是不可取的。

（5）集体管理的原则：项目开发小组的全体成员都要积极参加和关心小组的工作规划、进展追踪和决策制订等工作。

（6）独立负责的原则：按 TSP 原理进行管理，每个成员都要担任一个角色。

小　结

1. 软件研发团队

软件研发机构需要组建优秀的软件研发团队，以生产出高质量的软件产品。

软件研发机构应该有健康的可适应软件研发任务的组织机体。项目小组则是最小的因项目任务组建的研发团队，要求小而精，成员大多限制在 8 人以内。主要成员有项目负责人、开发人员、资料管理员、软件测试员。

项目小组有多种管理机制，如民主分权制、主程序员负责制、职业项目经理负责制、层级负责制。

2. 软件项目计划

为使软件开发各项工作有秩序地进行，项目管理者必须事先制订项目开发计划。

● 任务分配：进行任务分解，然后合理地、适度地给每个成员分配项目任务。

● 进度安排：对项目任务及其资源按时序进行合理部署。可基于里程碑制订项目进度计划，一些关键性成果，如需求规格说明书，可作为项目进度里程碑标志。

有许多工具可用来帮助建立项目进度计划，如甘特图、任务网络图。项目计划书则是项目计划的具体体现，可作为软件开发的工作指南。

3. 软件项目成本估算

软件项目有来自多方面的成本，如工资开支、场地费、差旅费、设备费、资料费。但项目最主要的成本是人员工资成本。软件成本估算主要就是对人力成本的估算。

常用的人力成本估算方法有程序代码行成本估算、软件功能点成本估算和软件过程成本估算。

4. 软件项目风险

软件开发涉及诸多不确定因素，如用户需求的不确定性、技术策略的不确定性等。这些不确定因素的存在使得软件开发有了各种各样的风险，如计划风险、管理风险、需求风险、技术风险、人员风险、产品风险、用户风险、市场风险等。

值得注意的是，风险所影响的是项目的未来结果，我们只能判断其未来的发生概率，而并不能够百分之百地确定其影响。因此，需要对风险实施有效的管理，以降低风险事件的发生概率。风险管理的主要任务有：

● 风险识别：调查是识别项目风险的有效途径。可以依据风险类别进行风险调查，以便对项目风险有较全面的把握。

● 风险评估：风险有多大的发生概率？风险有多大的影响力？

● 风险防范：可以从风险规避、风险监控与风险应急这三个方面进行风险防范。

5. 软件文档管理

软件文档是工程模式软件开发的成果体现。然而，软件文档要能产生很好的工程效应，还必须要有管理规范的支持。

开发时必须建立的技术资料、管理资料为正式文档，通常需要专门归档。根据需要随时创建的并且无须归档的模型或工作表格为非正式文档。

按照文档使用范围，其可分为：技术文档、管理文档和用户文档。

6. 软件配置管理

所谓软件配置，就是基于软件生产轨迹进行过程控制与产品追踪。其贯穿于整个软件生存周期，因此，可使软件开发中产生的各种成果具有一致性。

软件配置的主要任务有软件配置规划、软件变更控制和软件版本控制。

7. 软件质量管理

所谓软件质量，就是对软件品质的优劣评价。

软件开发者应该开发出高质量的软件产品，以更好地满足用户应用。来自经验的结论是：严格有效的软件质量管理可带来高质量的软件产品。

软件质量管理涉及的问题有质量标准、质量计划与质量控制。

8. 软件企业能力成熟度模型（CMM）

能力成熟度等级：CMM 将软件过程的成熟度分为 5 个等级：初始级、可重复级、已定义级、已管理级、优化级。

软件过程进化：软件工程过程是可进化的，任何软件企业只要能够持续努力去建立有效的软件工程过程，不断地进行软件过程管理的实践与改进，其软件工程过程就可不断地走向成熟、趋于完善。

个人软件过程（PSP）：提供了针对软件工程师个体的软件过程原则，被用来控制、管理和改进软件工程师的个人工程行为，以带来软件工程师个人工程行为的持续改进。

团队软件过程（TSP）：对软件开发团队提供行为指导，以帮助软件开发团队改善其质量和生产率，使其更好地实现成本及进度目标。

习　题

1. 软件研发机构内一般都设有质量控制部，并将其置于产品开发部、服务部之上。对此，你有什么看法？

2. 通常认为，项目负责人不一定是技术专家，但必须是管理专家。对此，你有什么看法？

3. 工作热情将直接影响工作效率。假如你需要组建一个项目小组，以承担某项软件开发任务。那么，你将如何管理这个项目小组，以使其有较高的工作热情？

4. 试比较民主分权制与主程序员负责制的优劣。如果由你邀请几个要好的同学一起承接某个软件项目，你将采用哪种管理机制？为什么？

5. 现需要开发一个学生管理系统，其涉及以下功能：学籍管理、成绩管理、考级管理、评优管理，并由一个 5 人小组承担这项开发任务，限期两个月内完成开发。对此，请你使用任务树、甘特图、网络图等对该项目作出较合理的任务及进度安排。

6. 目前需要使用 C 语言开发一个矩阵运算程序，涉及矩阵的加、减、乘等各种运算，估计有 30 个程序函数，每个函数平均约 80 行代码。如该程序安排 3 人合作创建，每人每天平均能够完成 100 行代码，且每人的月平均工资是 3000 元，每月按 20 个工作日计算，则完成该程序需要多长工期？需要多少人力成本？

7. 目前需要使用 VC++ 开发一个设备监控程序，对它的初步估计是：一个监控参数设置窗（一般复杂度）、一个设备监控输出窗（高复杂度）、两个数据查询（中等复杂度）、一个外部设备接口（中等复杂度），并有以下问题关联度判断。

序号	问题	关联程度（F_i）
1	备份与恢复？	0
2	数据通信？	5
3	分布式处理？	0
4	高性能要求？	5
5	高负荷操作环境？	3
6	联机输入/输出数据？	4
7	多窗口切换？	3
8	主数据文件联机更新？	3
9	数据输入、输出、查询、存储复杂度？	3
10	数据内部处理复杂度？	3
11	代码要求高复用？	3
12	系统必须考虑平台转换？	0
13	系统必须考虑多次安装？	4
14	系统必须考虑灵活性与易用性？	4

假如开发该软件的人员月平均工资是 3125 元，每月 20 个工作日，且每人每天平均能够完成 100 行 C++ 程序代码，而一个功能点大约需要编 64 行 VC++ 代码，则开发该软件需要多少人力成本？

8. 软件项目为什么存在风险？有哪些方面的风险？如何管理项目风险？

9. 软件项目中主要有哪些技术文档？有哪些管理文档？有哪些用户文档？

10. 为什么软件开发需要有配置管理，其主要有哪些方面的管理？

11. 为什么配置管理中需要有开发库、基线库与产品库这三个配置库？

12. 什么是质量标准？国际质量标准是否一定高于国家质量标准？软件企业是否可制定自己的质量标准？

第 3 章　软件工程过程模式

软件工程过程是软件研发的时间轨迹，沿着这个时间轨迹，基于项目的工程任务可以不断展开，并不断深入，与工程有关的各种工程方法、工具、标准、规程等诸多工程要素，都能基于这个时间轨迹，逐渐结合到工程项目中来发挥其效能。既然基于工程模式实施软件研发，其过程就必然需要有一定的时序结构，因此，也就需要制定过程模式，以使得有关软件的工程研发的路线、步骤能够易于被所有的项目参与者理解与遵循。

 本章要点

- 软件生存周期
- 瀑布模式、原型进化模式、增量模式
- 螺旋模式、迭代模式、组件复用模式

3.1　软件生存周期

生命的一般过程是：胚胎、萌芽、生长、成熟，然后逐渐衰老并走向消亡，体现在软件上则是：规划、定义、开发、运行、维护，直到最终失去应用价值而退役。

软件生存周期是对软件生命过程的工程标准说明，可作为软件研发、运行、维护的基本工程化过程框架。软件生存周期国际标准是《软件生存周期过程》（ISO/IEC 12207：1995），基于该国际标准而建立的最新国家标准是《信息技术　软件生存周期过程》（GB/T 8566—2007）。

GB/T 8566—2007 从多个不同立场对软件生存周期进行了细节说明，涉及产品需求方的行为过程、产品供应方的行为过程、产品研发方的行为过程、产品运作方的行为过程、产品维护方的行为过程。

通常情况下，基于产品研发方的立场，软件生存周期可体现为三个生命段：定义期、开发期、运行与维护期。

3.1.1　软件定义期

软件定义期是软件项目初期时段，涉及确立软件项目、制订项目计划、分析产品需求等几项任务，下面是对这几项任务的说明。

1. 确立软件项目

产业研发涉及供需双方。能够提供产品的是供应方，需要获得产品的则是需求方。

当产品研发是根据需求方委托进行定制时，产品供需双方大多是通过招投标方式形成产品供需合同，由此确立产品规格，并以此为依据进行产品研发。

委托定制软件产品的一般立项过程是：

（1）需求方编制软件产品项目招标书，以明确表达对软件产品的应用需求。

（2）供应方研究需求方项目招标书，并确定承接该项目的可行性。如果确认项目具备可行性，则编制软件产品投标书，以响应需求方的产品招标书。

（3）如果供应方投标书能够被需求方接受，则双方可签订产品合同，以明确供需双方的责权关系。

当产品研发是基于一般市场需求进行研制时，也需要进行软件项目立项。不同于委托定制的是，此时的需求方通常是开发机构较高的决策层，而供应方是开发机构较低的研发层，相互之间不对等，并不能建立对等合同，而是通过产品需求报告、产品研发立项通知、产品研发任务通知等形式来确立软件项目。

通用产品研制的一般立项过程是：

（1）开发机构中的市场研究部门根据市场需求情况编制产品需求报告。

（2）开发机构较高决策层审核产品需求报告，经确认后，则进行立项可行性研究。

（3）如果该产品经研究确认具备研发可行性，则发文确立开发项目，并通知对口研发部门或项目组承接该项目任务。

立项过程中最重要的工作是进行项目可行性分析，以对软件项目能否实施作出可行性评估。开发软件是有风险的，项目可行性分析有利于事先预知风险的高低。可行性分析时需要建立软件系统高层分析模型，其可用作可行性分析对象，可行性分析内容则有：技术可行性、经济可行性和应用可行性。

2. 制订项目计划

一旦供应方承接了需求方的软件研发任务，接下来的首要工作是制订项目计划，以使项目后续工作能够有序开展。

项目计划是对项目的全局性规划，需要基于项目合同或任务书编制。

管理机构需要审核确认项目计划，并以此为依据监督项目的实施。

3. 分析软件需求

分析软件需求就是搞清楚用户对软件有什么要求，以使得开发出来的软件能够满足用户的实际需要。

这项工作可由需求方完成。然而，如果是完全的产品委托开发，则作为最终用户的需求方一般只会提供有关需求的框架说明，因此，更多的需求细节还需要供应方给予完善。

通常情况下，开发者可按照以下步骤分析软件需求：

（1）研究用户需求框架。

（2）调查用户，获取用户需求细节。

（3）完善用户需求，建立需求模型，涉及功能模型、数据模型。

（4）基于需求模型进行全面的软件规格定义。

（5）编制"软件需求规格说明书"，以作为今后软件开发与验证的依据。

3.1.2 软件开发期

开发者的核心任务是开发软件产品。当通过需求分析确定软件规格之后，接着就要按规格要求开发软件，包括软件设计、编码和单元测试、系统集成，直到最终系统验收。

1. 软件概要设计

软件设计的第一步是概要设计。这是针对软件系统的结构设计，用于从总体上对软件的构造、接口、全局数据等给出设计说明。

程序模块是构造软件的基本元素。概要设计中的软件结构就建立于程序模块基础之上。

实际上，不同的设计方法，不同的软件系统，有不同的模块元素。在结构化设计中，程序函数、过程等是基本模块元素。在面向对象设计中，程序类、对象等则是基本模块元素。概要设计时并不需要搞清楚这些程序模块的内部细节，但模块的功能、数据特征、模块之间的调用和引用关系则需要在概要设计中确定下来。

概要设计需要提交"概要设计说明书"，其将作为详细设计与系统集成的依据。

2. 软件详细设计

软件设计的第二步是详细设计，其以概要设计为依据，需要解决的问题是程序模块内部的执行流程与数据构造。

设计出优良的高效率的程序算法是详细设计的核心任务。

算法设计者可通过专门的算法描述工具（如流程图、PAD 图、伪码等）说明程序算法，设计结果则通过"详细设计说明书"提交，其将作为程序编码的依据。

3. 编码和单元测试

在软件详细设计完成之后，接着需要按照详细设计说明书的要求进行程序编码。

如果详细设计说明书中程序的算法描述非常仔细周全，则程序编码就成了一件比较简单的语言转译工作，甚至可以利用软件工具自动生成程序代码。

在进行程序编码的同时还需要进行程序调试。

针对单元模块的单元程序测试往往和编码结合在一起进行，需要以详细设计说明书为依据，对单元模块在功能、算法与数据结构上是否符合设计要求进行确认。

4. 系统集成

系统集成也叫系统组装。系统集成的任务是按照概要设计中的软件结构，并基于某种集成策略（如渐增集成策略），将诸多创建出的程序模块装配成一个系统。

在系统集成过程中，还需要对系统进行集成测试，以确保系统结构符合设计要求。

5. 系统验收

系统验收是用户对系统的确认验证。系统验收将以需求规格说明书为依据，需要验证软件产品与规格定义的一致性，包括第一步的 Alpha 测试与第二步的 Beta 测试。

Alpha 测试是在研发环境下进行的系统验证，测试过程由开发者操控，用户参与。

Beta 测试则是在用户实际应用环境中由用户独立进行的系统验证，研发者将不进行操控。

3.1.3 软件运行与维护期

研发出来的软件产品在验收通过之后，就可以交付用户使用了。对于已交付用户使用的软件，研发机构仍需要承担一定的后期维护，以确保软件系统的正常运行。

软件系统的主要维护有：

● 改正性维护：对程序中出现的错误的修正。

● 适应性维护：对运行环境的改变而做的适应性修改。

● 完善性维护：对已建系统的功能补充或完善。

3.2　瀑布模式

瀑布模式是传统的软件研发过程模式，其中的"瀑布"是对这个模式的形象表达：由山顶倾泻下来的水，自顶向下、逐渐细化。

瀑布模式任务流程如图3.1所示，立项论证是软件项目起步时的顶，通常只有对软件问题的初步的模糊的认识，然而，后续阶段可对模糊的软件问题逐步求解，直至获得可运行的软件产品。

图 3.1　瀑布模式任务流程

3.2.1　瀑布模式的特点

1. 线性化过程

瀑布模式开发流程被划分为分析、设计、编码、集成等几个阶段，并且各阶段任务之间严格按衔接次序逐级推进，不允许跨越阶段任务，必须等到上一阶段任务完成之后，下一阶段任务才能开始。

2. 里程碑管理

瀑布模式中的每个阶段都有确定的与任务相关联的成果，如分析阶段的分析报告、设计阶段的设计说明书、编程阶段的源程序。它们可作为各阶段的里程碑标志，用于标示阶段任务的结束。

里程碑的作用是可使项目进程量化。项目管理者可事先估算出每个阶段的任务量，并以此为依据规定每个阶段的任务时限，由此而达到对项目进程的量化管理。

3. 阶段评审

瀑布模式中的各阶段成果都需要进行严格的质量评审，以确保每个阶段都能达到预期目标。

4. 文档驱动

瀑布模式中前一阶段产生的软件文档将成为后一阶段的工作基础与约束条件。也就是说，可依靠文档使项目由前一阶段推进到后一阶段。

3.2.2　瀑布模式中的信息反馈

图 3.1 所示的瀑布模式是理想化的过程模式，其建立在各阶段任务无差错的基础上，要求每个阶段都能达到预期目标，都能取得预期结果，因此，无须回头再做以前阶段的工作，而只须考虑项目往前推进。然而，实际项目并不可能绝对完美，用户的需求变更、研发者自身的工作遗漏都会使项目不得不返回到以前阶段。

显然，为了方便重做以前阶段的工作，后期对前期的问题发现需要能够反馈到前期工作中去。因此，过程模式中需要有合适的信息反馈通道。

图 3.2 所示是带有信息反馈通道的瀑布模式，使得当前一阶段的软件问题在后面阶段被发现时能够沿着信息反馈通道逐级返回，并在问题解决之后，又能够将修正结果逐级地下传。

图 3.2　带有信息反馈通道的瀑布模式

增加的信息反馈通道使理想化的线性瀑布模式有了非线性化的改变，但其非线性化过程只是局部的，仅限于相衔接阶段之间。为了确保产品的可追踪性，任何变更行为都被限制于相邻阶段之间逐级进行。例如，在编程实现阶段发现了需求遗漏，则该问题必须先返回给设计师，然后通过设计师再返回给分析师。若该问题有了新的需求解决方案，则新的方案必须先通知设计师，然后再由设计师通知到编程人员。

3.2.3 瀑布模式的作用

1. 应用价值

瀑布模式是获得广泛应用的软件开发过程模式，具有简洁的便于工程应用的线性化过程步骤，并可通过里程碑管理机制而使项目进程量化。

瀑布模式的作用还体现在基于里程碑而建立起来的质量保证体系上。每个阶段结束前都要对所完成的阶段成果进行评审，这使得软件错误能够在各阶段内尽早被发现，并且尽早被解决。在涉及工程目标的诸多因素中，质量总是第一因素，因此，具有良好质量保证机制的瀑布模式也就有了很强的生命力。

瀑布模式是经典过程模式，为其他过程模式的产生提供了一个较好的模式标本，如后面将要介绍的增量模式就吸收了瀑布模式的优点。

2. 局限性

瀑布模式是线性化过程，只能是按规程推进，并必须等到所有研发任务完成以后才能获得可以交付使用的软件产品。因此，瀑布模式并不能获得对软件系统的快速创建，对于一些急于交付的软件系统的研发，瀑布模式有操作上的不便。

瀑布模式可较好地适应需求明确的软件系统开发。然而，瀑布模式的灵活性不是很好，如果已经开始设计，则来自于用户的一个很小的需求变更请求也可能会给软件项目带来大难题，由此导致项目延期。实际上，对于大多数的应用系统，在其开发初期，用户的需求并不清晰。因此，对于那些面向用户的应用系统的开发，瀑布模式有较大的不适应性。

3.3 原型进化模式

3.3.1 软件原型

所谓软件原型，就是对软件问题的直观模拟或仿真。软件分析或设计时都可能要用到软件原型。根据生存期的长短可分为抛弃型原型与进化型原型。

1. 抛弃型原型

抛弃型原型大多用来获取需求评价，或对设计做试探，之后就失去了使用价值。因此，抛弃型原型一般使用软件工具快速生成，以降低抛弃型原型的制作成本。

由于抛弃型原型是一个无须投入实际应用的实验品，因此，可针对某个专门问题建立局部原型，而无须考虑其完整性，如针对人机交互建立界面原型，针对业务步骤建立工作流原型，针对数据汇总建立 SQL 查询原型。

2. 进化型原型

进化型原型则为可改进并能最终演变为可交付产品的原型，一般要求在最终产品开发平台上创建。

研发者大多选择可视化开发工具（如 Visual Studio.NET、C++ Builder、Jbuilder 和 NetBeans、Dreamweaver）创建进化型原型，原因是这些可视化开发工具不仅能快速创建软件原型，而且还能使软件原型投入实际应用，并逐步演变为最终目标系统。

界面原型是运用最多的是进化型原型。通常情况下，研发者先建立界面原型供用户做应用操作评价，并在获得用户的原型确认后，再接着设计和实现与该应用操作有关的内部功能执行模块。

3.3.2　原型进化过程

进化型原型可贯穿整个开发过程，因此，可以考虑与其相适应的过程模式，以达到更有效的工程应用。

一种合理的过程是，开发者建立可供用户使用的原型系统，然后收集用户对原型的使用评价，并以此为依据逐步对原型系统进行修正，由此逐步使其接近并最终达到目标系统的要求。

1. 原型进化的特点

图 3.3 所示是原型进化开发过程，由该图可以发现原型进化过程的以下一些特点：

（1）在对软件问题作初步分析并获得有关软件的需求框架之后，即可进行原型创建。其中的需求框架一般来自用户需求的收集与整理，它是直接面向用户的，如业务组织、业务域、业务流程、基本功能点等。

（2）软件开发就是原型创建，包括需求细化、产品开发和产品验证等多项任务。这些任务是在同一个工作进程内并行或交替进行的。实际上，软件的分析者、设计者、编码者是处在同一个工作空间，并且一个人可扮演分析、设计、编码等多重角色。用户也可加入到原型创建中来，因此，开发者与用户之间可以非常便利地进行意见交流。

（3）通过发布新版本而使原型系统逐步修正与完善。实际上，一个并不完整的初始版本即可投入使用，以方便软件急用之需，然后，通过版本更新而逐步地满足用户对于软件的多方面需要。

图 3.3　原型进化开发过程

2. 原型进化的缺陷

（1）不能建立里程碑管理，以致项目进度难以量化，并使软件质量难以得到有效控制。虽然可通过原型初始版本而使软件尽早投入使用，但什么时候能够获得可满足全面需求的最终版本却难以确定下来。

（2）虽然可通过新版发布来适应用户需求变更，但版本的快速更替也使得软件配置管理变得复杂起来。版本的快速变更还可能会给软件结构带来损伤，使软件结构缺乏整体性。

（3）对于面向用户的中小型软件开发，原型进化模式有一定的优势。然而，其有管理规程上的不足，并不能有效地保证软件质量，因此，不能很好地适应大型软件系统的开发。

3.4 增量模式

3.4.1 增量开发过程

图 3.4 所示为增量开发过程。由图可以看出，增量开发过程分为设计结构、开发增量构件、集成系统三个任务域。

图 3.4 增量开发过程

（1）设计结构。对系统进行全局的分析与设计，通常以功能构件为元素定义需求框架，并以此为依据确定软件系统体系结构。

（2）开发增量构件。对软件体系结构中的功能构件进行需求细化，并以此为依据实现与验证功能构件。

（3）集成系统。基于软件体系结构进行构件集成与系统级验证。然后重复第 2 步，继续下一个构件的开发与集成，直到完成全部构件的创建与集成。

3.4.2 增量模式的优越性

我们前面已了解了瀑布模式与原型进化模式。瀑布模式的优点是有较完善的工程管理机制，可有效保证软件质量，不足则是较难应付用户需求变更，并必须等到项目任务全部完成之后才能交付软件产品。原型进化模式则刚好相反，优点是可适应用户需求变更，并可较快地创建应用系统，但不足是缺乏有效的里程碑流程管理，不能适应大型系统研发。

显然，更有效的过程模式应该具有两者的长处，既有较完善的工程管理机制，又能适应用户需求变更。增量模式就具有这样的优越性，整体上具有里程碑管理特性，有利于质量监控，各局部则基于构件构造，有利于逐步构建与完善，并可适应用户需求变更。

更具体地看，增量模式体现出了以下方面的优越性：

（1）项目前期工作容易开展，仅依靠需求框架，如业务域、业务流程、基本功能点等即可设计系统构架。

（2）基于任务域实现里程碑流程控制，能较好地保证软件质量，并可适应大型应用软件系统的开发。

（3）直到开发增量构件时才需要考虑需求细节，有利于用户需求的逐步明朗，并对构件级需求变更有较好的适应性。

（4）可按照构件的功能价值安排开发顺序，并逐个实现与交付。因此，一些用户急需的功能可优先开发，并尽早投入应用。

（5）系统基于构件逐渐扩充，利于开发者经验的逐步积累，并利于技术的有效复用。实际上，已使用的算法、技术策略、源码等都可更有成效地应用到构件创建中去。

（6）可利于降低项目的技术风险。通常，最先交付的最具优先权的核心构件，会受到最多次数的集成测试，并带来核心关键部分较高的可靠性。

3.5　螺旋模式

螺旋模式是一种可较好规避开发风险的过程模式。

软件研发有来自各个方面的风险，如用户需求风险、技术经验风险、产品质量风险等。显然，如能够很好地识别风险，并能事先制定应对风险的措施，则风险的危害性必将显著降低。

螺旋模式的特点是项目基于任务域螺旋式递进。图 3.5 所示即为螺旋模式，其中的螺旋线用来表示项目进程，每一个螺旋回路对应于一个过程的任务域，从内至外分别是需求分析、软件设计、系统集成、验证与交付。

螺旋模式中的每一个任务域都需要进行风险评估，并需要根据评估结论制定风险规避措施。

通常情况下，每个任务域涉及以下几个步骤：

（1）制订任务计划。

（2）确定任务目标，选择实施方案。

（3）评估方案风险，确定风险规避措施。

（4）实施任务方案。

值得考虑的是，对软件项目进行风险分析也是需要费用的，若软件项目风险分析费用过高，甚至超过了软件开发费用，则软件项目风险分析在经济上就显得不划算了。因此，一般只有大规模且有较高风险的软件项目才有采用螺旋模式的必要。例如，需要研发一个核反应堆控制程序，这个程序就不能出现任何差错，否则后果不堪设想。因此，这个程序研发过程就必须有严格的对技术质量的风险识别与应对措施。

图 3.5　螺旋模式

3.6　迭代模式

迭代模式如图 3.6 所示。这是一种任务可叠交的过程模式。所谓迭代，就是软件的分析、设计与实现可交替反复进行。因此，传统瀑布模式中的清晰任务边界在迭代模式中变得模糊起来。

迭代模式将项目任务分为初期、中期、后期等多个阶段。通常，初期阶段只需要创建具有必备功能的软件系统；中期阶段则是在初期结果的基础上做进一步完善，以获得更好的软件应用；后期阶段则是在中期结果的基础上进行更全面的开发，并以实现软件全部功能为建设目标。显然，迭代模式更有利于兼顾近期目标与远期规划。初期阶段体现为实现近期目标，后期阶段则体现为实现远期规划。

一般看来，迭代模式有对面向对象方法更好的过程支持，可使面向对象方法获得更有成效的工程应用。

面向对象的技术特点是基于类体构造对象系统，并且软件分析或设计时都需要定义类体。因此，面向对象方法可基于类体使分析与设计顺畅交替。类体还可派生出下级子类体，并可依靠子类体进行系统扩充。

许多经验表明，面向对象方法基于类的分析与设计的交替，以及由类体派生子类而进行的系统扩充为实现迭代开发提供了便利。

图 3.6　迭代模式

3.7　组件复用模式

组件复用是指基于组件的软件复用，就是利用已有组件构造新的软件系统。

传统结构化方法采用的是功能函数复用。这是一种直接建立在程序代码基础上的小粒度复用技术，方法是建立能够广泛用于各种程序的标准函数。然而，大多数的标准函数只能提供一些简单功能，并且缺乏必要的柔性，因此，适应范围受到了限制。

面向对象方法采用的是类继承复用。一般看来，类继承复用具有比函数复用更好的适应性，子类不仅可继承父类方法，还可重新定义方法。但类继承复用受程序语言限制，子类必须与父类有相同的程序语言。

基于组件的软件集成则有更好的软件复用效果。其一，组件经过编译，能够跨语言应用；其二，组件是大粒度复用，因此，更具工程复用价值；其三，显著提高了软件生产率。

实际上，组件复用带来了流水线软件装配，系统所需组件大多无须专门开发，可通过专业制作机构来提供。例如，要研发一个商业数据汇总系统，其界面可由 A 公司提供组件，业务流程配置可由 B 公司提供组件，报表生成可由 C 公司提供组件，而项目组只需将这些组件集成起来，就可实现系统开发。

图 3.7 所示是基于组件复用的过程支持，其涉及以下几个步骤的工作任务：

（1）组件需求框架说明：系统有哪些功能？系统可划分为哪几个组件域？系统由哪些组件构成？

（2）组件复用率分析：已有哪些组件？需要购买哪些组件？需要开发哪些组件？

（3）基于组件复用的需求细化与修正：通过对需求框架的细化而获得对软件系统的基于组件的详细需求定义。

（4）基于组件的系统设计：确定基于组件的系统构架。

（5）组件开发：开发那些需要由项目组自己创建的新组件。

（6）系统集成：基于组件进行系统集成，以建立软件系统。

图 3.7 组件复用的过程支持

小 结

1. 软件生存周期

软件生存周期是软件由提出、开发到投入应用的全过程，基于开发者立场一般划分为三个生命段：定义期、开发期、运行与维护期，每个生命段又包含若干个阶段任务。

2. 瀑布模式

瀑布模式是最传统的过程模式，"瀑布"形象表达了其自顶向下、逐级细化的过程特征。

瀑布模式的特点是：线性化过程、里程碑管理、阶段评审、文档驱动。对于需求明确的软件项目，瀑布模式有较好的适应性。然而，如果需求不明确或需求易变更，则瀑布模式就显现出了不适应性。

3. 原型进化模式

原型进化模式的开发流程是：开发者先建立原型系统供用户评价或使用，然后根据用户的意见反馈对原型系统不断修正，由此使它逐步接近并最终达到目标系统的要求。

原型进化模式可较好地适应用户的需求变更，但却因缺乏里程碑管理机制而不能很好地支持大型项目。

4. 增量模式

增量模式是瀑布模式与原型进化模式优点的结合，其将系统分解为多个增量构件，然后以增量构件为原型部件，逐步创建、集成与完善。

增量模式在整体上具有瀑布模式的里程碑特点，可适应大型项目，并且在系统的局部构建上，体现为基于增量构件的原型进化，可适应用户的需求变更。

5. 螺旋模式

螺旋模式是一种可较好规避开发风险的过程模式。螺旋模式的特点是项目基于任务域螺旋式递进,每一个任务域都需要进行风险评估,并需要根据评估结论制定有效的风险规避措施。

6. 迭代模式

迭代模式是软件的分析、设计与实现可交替反复进行的过程模式。迭代模式有对面向对象方法更好的过程支持,可使面向对象方法获得更有成效的工程应用。

7. 组件复用模式

组件复用模式是对基于组件的系统集成的过程支持。组件复用带来了流水线软件装配,系统所需组件大多无须专门开发,可通过专业制作机构来提供,由此可提高软件开发效率,并可提高软件产品质量。

习　题

1. 软件开发期的目标任务是什么? 概要设计需要完成什么任务?

2. 瀑布模式的一大特点是里程碑管理机制。对此,你有什么认识?

3. 为什么瀑布模式不能很好地适应用户需求变更? 原型进化模式又为什么能很好地适应用户需求变更?

4. 试说明抛弃型原型与进化型原型的异同。

5. 一般认为,原型进化模式不能适应较大型软件项目的开发,其原因是什么?

6. 增量模式结合了瀑布模式与原型进化模式的优点,更具体地说,其可体现出哪些方面的优越性?

7. 螺旋模式的优越性是什么? 采用螺旋模式的代价是什么?

8. 为什么迭代模式能够较好地适应面向对象开发?

9. 组件复用模式有什么特点?

10. 某大型企业计划开发一个"综合信息管理系统",其涉及销售、供应、财务、生产、人力资源等多个部门的信息管理。该企业的想法是按部门优先级别逐个实现,边应用边开发。对此,需要一种比较合适的过程模式。请对这个过程模式作出符合应用需要的选择,并说明选择理由。

第 4 章　软件分析

研发软件不仅是要设计编写软件，还必须全盘考虑整个计算机系统。诸多因素，如硬件设备、数据资源、网络环境、其他协作软件等，都需要考虑，并必须在软件系统创建之前就有清晰的认识。软件研发还必须考虑用户需求，要发现软件的用户价值，因此，必须要收集用户的需求意愿，建立软件需求分析模型，并需要依据需求模型确定软件产品的技术规格，以此解答来自用户的"软件能够做什么？"的需求提问。因为只有这样，研发软件才会有正确方向，才不会是空中楼阁。

- 软件系统前期分析
- 项目可行性分析
- 获取用户软件需求
- 建立用户需求模型

4.1　计算机系统工程

4.1.1　计算机系统特征

系统是元素的集合，元素之间存在关联与协作。系统的基本特征是具有整体性，因此，尽管系统可分解为诸多元素成分，但表现出来的却是一个统一体。

计算机系统具有一般系统的共性，由硬件、软件、数据资源、网络资源、使用系统的人等诸多元素组成，这些元素之间存在关联，需要相互支持，可进行数据通信，可协作完成任务，由此形成一个统一体。

显然，计算机系统是一个非常复杂的系统。对于复杂系统，通常需要分层解剖，其内部元素可看作是子系统。计算机系统需要分层解剖，如图 4.1 所示，首先是分为硬件系统、软件系统、网络系统、人工系统，还可再作更进一步的分解细化。例如，软件系统可进一步细分为操作系统、数据库系统、应用系统。

不同于一般系统的是，计算机系统是一个以智能为核心的系统。计算机系统中的软件元素使得计算机具有了智能。实际上，开发软件就是为计算机系统添加智能，使计算机系统有更多的智能用途。

图 4.1 计算机系统组成

4.1.2 计算机体系结构

计算机系统是如何将其诸多元素组合成为一个整体的呢？要搞清楚这个问题，就必须搞清楚计算机系统的体系结构。

软件研发必然要考虑到计算机体系结构。一些有代表性的计算机体系结构是：中央主机结构、客户机/服务器结构（C/S）、浏览器/服务器（B/S）结构。大多数的软件系统建立在这些有代表性的计算机体系结构基础上。

1. 中央主机结构

中央主机结构是一种比较早期的计算机体系结构，由核心主机设备和外围终端设备两个部分组成。图 4.2 所示说明了这种主机的结构。

图 4.2 中央主机结构

中央主机结构中的智能一般集中在计算机主机设备上，如操作系统、数据库管理系统与应用系统等，都被安装在了主机设备上。因此，主机结构中的主机是计算机系统的大脑，具有控制与计算功能。

主机设备上带有许多终端接口，可用来连接各种终端设备，如键盘、显示器、打印机、扫描仪、绘图仪等，都可通过终端接口与主机连接。

用户可通过终端设备访问主机。终端设备通常是没有智能的，它们犹如计算机系统的眼、耳、手，用于实现系统与环境的交互。

由于所有的计算任务都需要通过主机设备完成，因此，主机设备要求有很高的计算性能。由于智能都集中到了主机上，因此，系统中元素之间有非常紧密的联系。

中央主机结构的优点是内部协调性好，性能稳定。不足则是扩充性较差，有较高的初期建设成本，并由于有较复杂的内部构造，因此运行与维护成本往往比较高。

2. 客户机/服务器结构

客户机/服务器结构是一种能将智能分布到多台机器的结构。应该说，网络的应用催生出了客户机/服务器结构，多台具有智能的计算机依靠网络连接起来了，构成一个可协同作业的计算机系统。

客户机/服务器结构中的计算机被划分成服务器（Server）和客户机（Client）两个部分，它们有不同的地位，并承担着不同的计算任务。

服务器处于核心位置，如同主机结构中的主机设备，提供需要集中的核心服务。客户机则处于边缘位置，如同主机结构中的终端设备，但具有智能，安装有客户端程序，可自主工作，但需要访问服务器寻求服务支持。

客户机通常主动工作，它主动地向服务器提出服务请求。服务器则被动工作，它被动地接受来自客户机的请求，并根据客户机的请求提供服务。

图 4.3 所示是一个多媒体应用客户机/服务器系统，能够提供视频与图片多媒体信息服务。该系统有三台服务器，可分别提供视频数据服务、图片数据服务与目录查询服务。客户机可访问这些服务器，并从中获得图片信息、视频信息、目录查询等服务支持。

图 4.3　客户机/服务器结构

客户机/服务器结构的优点是系统扩充性好，因此，系统可逐步创建与逐步完善。正因为如此，客户机/服务器结构有较低的初期建设成本。例如，图 4.3 中的多媒体应用系统，初期应用只需要提供图片信息服务，因此，初期系统只需要建立图片服务器。然而，该系统扩充性好，虽然初期系统中没有视频服务和目录服务，但却可以在系统后续完善建设中添加进来，以提供更加全面的多媒体应用服务。

3. 浏览器/服务器结构

浏览器/服务器结构是一种基于 Web 应用的特殊的客户机/服务器结构，其中的浏览器是指 Web 浏览器（Browser），服务器是 Web 服务器（Server）。

这种结构的核心是 Web 服务器，用于建立基于 Web 的互联网信息服务，通过 HTTP 协议（HyperText Transport Protocol）实现客户端与服务器的信息交互，并通过 ASP（Active Server Page）、JSP（Java Server Page）等实现 Web 动态服务。

浏览器/服务器结构可最大限度地减轻客户端的计算负担。实际上，系统中的界面元素都被集中到了 Web 服务器上，因此，客户端计算机已无须安装专门的界面程序，而只要一个通用的 Web 浏览器（如 Internet Explorer）即可实现由客户机到服务器的访问。

浏览器/服务器结构有安装部署与前端访问的便利，然而在获得便利的同时访问的快捷性与操控的灵活性下降了。由于客户端与 Web 服务器是通过 HTML 协议间接地进行交互，并且客户端与 Web 服务器之间是间断性连接的，因此，这种结构的性能、稳定性或操控灵活性都不如传统的客户机/服务器结构。因此，实际应用中经常是传统的客户机/服务器结构与基于 Web 的浏览器/服务器结构的结合，以满足多方面的应用需求。例如，内部业务处理采用传统的客户机/服务器结构，而外部客户访问采用浏览器/服务器结构，如图 4.4 所示。

图 4.4　客户机/服务器与浏览器/服务器结构的结合

4.2　软件系统前期分析

系统前期分析，即软件研发项目正式启动之前需要进行的分析。

开发者在编制项目投标书时或对项目作可行性评估时需要进行系统前期分析，并且分析结论意义重大，可作为软件研发项目投标依据或用作软件研发可行性评估依据。

系统前期分析是对系统的高层分析，需要考虑的是基于计算机系统的高层框架，不仅涉及有待研发的软件问题，并涉及软件系统的外部环境，如硬件环境、支撑软件环境、网络环境、数据环境。

这是一个有关软件问题的高层分析，因此，要考虑的是全局结构，而不是局部细节。

通常情况下，我们可以从以下几方面对系统进行前期分析：

（1）软件系统的业务领域、业务边界与业务流程。

（2）软件系统对硬件设施、网络环境、数据环境的依赖。

（3）软件系统的安全层级、措施与防范机制。

（4）软件系统与其他相关系统之间的协作关系。

（5）软件系统与用户组织及其工作任务的协调性与适应性。

4.2.1　分析过程

可通过图形建模进行系统前期分析。通过画图说明软件系统结构、工作机制、行为特征，这就是建模，并涉及逻辑建模与物理建模。如果模型元素是无特定物理意义的抽象符号，则为逻辑模型；如果模型元素是有特定物理意义的符号，则为物理模型。

通常情况下，可以按照以下步骤建立系统前期分析模型。

1. 研究当前系统物理模型

前期分析中需要研究当前现有系统。待开发的新系统大都对当前系统有一定的依赖，如需要保留当前系统的功能、面对当前系统中的用户组织、继续使用当前系统中的数据等。因此，系统前期分析时需要建立当前系统模型。

当前系统是现实的正在运行中的系统，因此，可建立其物理模型，以反映其当前现实工作状况。

2. 抽取当前系统逻辑模型

研究当前系统是为构建新系统提供依据。从逻辑关系上看，可基于当前系统对新系统进行推演。然而，当前系统物理模型受到当前物理因素（如机器设备、运行机制）的制约，并不适宜进行新系统逻辑推演。因此，需要对当前系统物理模型进行逻辑抽象，以超越当前物理因素对模型逻辑推演的制约。

3. 推演新系统逻辑模型

基于当前系统逻辑结构，并根据新系统对功能与数据新的要求，可对新系统进行逻辑推演。例如，图 4.5 所示是由当前的人事管理系统到新的人力资源系统的逻辑演变。当前的人事管理系统含人事档案管理、工作异动管理、工资结构管理等功能，新的人力资源系统则在此基础上增加了工作岗位配置、员工业绩管理、人员招聘管理、员工培训管理、工资成本评估等新功能。

图 4.5　从现有系统到待建新系统的逻辑推演

4. 提出新系统的物理模型

前期分析还有必要建立新系统物理模型，以使分析有足够的可信度与说服力。必须注意到的是，一个逻辑模型往往对应着多种可能的物理方案，如可基于客户机/服务器结构构建，也可基于 Web 应用的浏览器/服务器结构构建。对此，一般是基于现实合理性进行物理模型选择。例如，人力资源系统，如果用户组织地理区域集中，可选择客户机/服务器结构，但如果用户组织分布于世界各地，则需要选择浏览器/服务器结构。

4.2.2　系统结构建模

系统前期分析需要说明系统基本结构。系统框架图可描述系统基本结构，它是静态的，并且往往是逻辑的，只有矩形、连线这两种逻辑图形元素。

矩形一般用来表示系统中的实体元素，如程序、数据、设备等，连线则用于表示实体之间的关联或依赖。图 4.6 所示是某"自动阅卷系统"基本结构，图中的实体元素有：成绩数据库、读卡程序、阅卷程序、成绩查询程序、成绩分析程序、成绩单打印程序和成绩备份程序。很显然，成绩数据库处于核心位置，需要优先考虑。

图 4.6　某"自动阅卷系统"基本结构

系统框架图的特点是简单、灵活、实用，易于使用。实际上，只需一支笔、一张纸，就可快速勾画出系统的高层框架，并且无论是技术人员还是普通用户，都能较好地理解，不会出现交流障碍。

系统前期分析中，还可能需要考虑系统边界，并需要将系统从环境中分离出来，以便我们知道要开发的新系统有多大。正因为如此，系统内外元素应该有所区别。例如，图 4.7 所示的框架图，其中使用直角矩形表示的自动取款系统是待建系统，而使用圆角矩形表示的数据维护系统、信息安全控制系统、储户数据库、进出账数据库为已建系统，是构建自动取款系统时需要考虑的环境因素。

4.2.3　系统工作流建模

系统前期分析还需要说明系统基本工作流程。系统流程图可用于描述系统工作流程。它是动态的，可以是逻辑的——图标不体现元素的物理特性，也可以是物理的——图标有一定的物理象征性。

图 4.7　自动取款系统与其他系统的关系

表 4.1 所列是一些常用的系统流程图符号，其中的数据流用于反映任务步骤。

表 4.1　常用的系统流程图符号

图形符号	说明
	一般处理，如程序处理、机器处理、人工处理
	人工处理，如会计在银行支票上的签名
	一般输入，如人工输入、程序输入
	卡片输入
	手工输入
	一般存储
	内部存储
	直接存储，如磁盘存储
	顺序存储，如磁带存储
	纸带存储
	文档输出，如打印数据报表
	显示终端
	页内连接
	换页连接
	数据流

图 4.8 所示的"自动阅卷系统工作流模型"是通过流程图建立的，可反映任务过程，并且图标有一定的物理象征性，如文档、程序、数据、备份磁带、终端显示器。

图 4.8　自动阅卷系统工作流模型

系统流程图可用来描述系统业务流程，其一般涉及系统与环境的交互，往往贯穿内外，因此其任务元素可能是系统内的，也可能是系统外的。

系统研发更需要关注的是系统的内部元素，因此，有必要将系统内外任务元素区分开来，以利于更清晰地识别内部元素。图 4.9 所示是某"设备采购系统"业务过程建模，图中的设备采购系统圆角矩形框，用于划分系统的内与外，能带来业务边界更高的清晰度。

图 4.9　某"设备采购系统"业务过程建模

4.3　项目可行性分析

软件研发项目启动之前大都需要作可行性评估，以达到用少量的时间与人力成本对项目是否可着手实施作出有依据的判断，由此避免因项目实施条件不具备而造成的大量的人力、物力与时间的浪费。

可行性分析所涉及的问题是，项目实施条件是否具备、问题解决方案是否合理。

软件研发必然会有风险。由于技术与应用环境的复杂，项目预期目标必然会有一定的不确定性。可行性分析需要合理判断这些不确定性因素的影响到底有多大，以降低风险。

可行性分析必然需要评价有待创建的新系统，其一般基于系统前期分析模型，对有待创建的新系统作有依据的评价。可行性分析还能带来对新软件系统的高层定义，其一般基于项目的基本目标与用户的直观需求而产生，可作为高层需求框架被用于后期需求分析之中。

4.3.1 评估内容

软件研发首先是受技术因素制约，而当软件问题成为了工程问题时，它还将会受到研发成本、研发周期、应用环境等其他方面因素的制约。因此，对软件项目的可行性分析，也就包含技术、经济、应用等几个方面的分析。

1. 技术可行性

技术可行性分析是关于软件研发技术问题的高层分析，需要对有待研发的软件系统的高层构架进行技术推断。

技术可行性需要确认的是，项目所准备采用的技术是否先进并且成熟，是否能够充分满足用户系统在应用上的需要，是否足以从技术上支持系统成功实现。

对技术可行性的判断是基于软件研发可能采用的技术而提出的，并需要从技术本身与技术资源这两个方面作出可行性评估。

（1）技术本身的限制。

软件研发对技术的一般性要求是，既具有先进性，同时又已获得较好的工程检验，有一定的成熟度，可以保证研发出来的软件系统在功能、性能、安全等诸多方面都能达到预期的技术指标。

显然，技术的先进性与成熟度是两个需要平衡考虑的技术因素。例如，开发者可能希望使用一种刚刚诞生不久的新技术，以使所研发的软件系统能够获得技术先进性所带来的研发上的便利，并使软件系统能因此具有更好的应用前景。但是，刚诞生的新技术却有可能不够成熟，缺乏比较充分的工程验证，因此，有可能会给项目带来比较高的技术风险。

（2）技术资源的限制。

技术资源的限制是指开发者对所采用技术在把握程度上的限制，如熟练程度、资源丰富程度、技术支持等。毫无疑问的是，尽管研发者准备采用的技术是既先进又成熟的，但假如研发者对该技术缺乏经验，并且难以获得外部技术支持，则从工程角度考虑，该技术仍不具备可行性。

2. 经济可行性

软件研发项目还必须考虑经济上的合理性，它应该是有经济支撑力的，并且在经济上是有利可图的。因此，针对软件项目，需要从研发成本与经济效益这两个方面作出经济可行性评估。

（1）研发成本估算。

项目成本指的是软件项目资金的投入。显然，实际工程项目总是会受到一定的资金限制，需要考虑到的是这有限的资金是否能够保证项目顺利地进行，是否会因资金短缺导致项目中途瘫痪，是否会出现严重超预算的现象。因此，针对软件项目必须要进行尽量准确的成本估算，并需要以此为依据进行成本控制，防止项目成本超出预算。

（2）经济效益分析。

项目经济效益指的是项目的投资回报。对项目效益的一般要求是，项目的经济收益能够超过项目的成本投入，也就是说经济上要有利可图。

应该说，软件开发机构与使用软件的用户都会关心经济效益，然而开发机构与用户会有不同的效益来源。一般认为，开发机构的效益是直接的，其来自软件产品，而用户的效益则是间接的，其来自软件应用，因此在进行效益分析时要区别对待。

3．应用可行性

应用可行性所涉及的是软件的适用性，需要考虑到软件应用中可能受到的限制，如法律条款对软件应用的限制、使用授权对软件应用的限制、业务规则对软件应用的限制。

显然，一个现行法律法规不允许使用的软件、一个超越了使用授权范围的软件、一个与所处领域业务规则有冲突的软件将不具备应用可行性。

4.3.2 评估报告

可行性分析需要产生项目是否可实施的评估建议。

下面是一些可供参考的可行性评估建议：

- 如果软件项目各方面条件都已经具备，并且软件项目能够获取有效的成果。可建议立即着手实施项目。
- 如果软件项目已具备一定的实施条件，但准备工作不是很充分，如质量控制不够完善、技术资源准备不足。可建议在相关条件得到进一步完善之后，再着手实施项目。
- 如果项目实施基本条件还有缺陷，如项目资金缺口太大、技术障碍估计难以在限定时期内突破。可建议暂停或终止项目。

软件项目可行性分析是一项非常重要的工作，直接决定项目命运。可行性分析中的一系列结论需要以正式文本表达出来，往往要撰写成可行性分析报告提交给有关部门确认。

可行性分析报告的基本格式如下：

---

1. 引言

1.1 编写目的（说明可行性分析报告的编写目的、组成要素与阅读对象）

1.2 项目背景（列出拟开发系统名称、项目委托者、开发者和预期用户，该系统与其他系统之间的关系）

1.3 定义（说明报告中专门术语的定义与缩写词的原意）

1.4 参考资料（说明报告中引用的资料，包括项目任务书、合同或上级机关批文，与项目有关的已经公开发表的论文、著作，需要采用的标准或规范）

2. 可行性研究的前提

2.1 基本要求（如功能、性能、数据、安全、完成期限等）

2.2 基本目标（如人力与设备费用的减少，工作环境的改善，工作效率的提高，处理速度、控制精度或生产力的提高，管理与决策的改进）

2.3 条件、假定和限制（如拟开发系统的完成期限，拟开发系统的运行寿命，项目经费来源与限制，政策和法规方面的限制，硬件、软件、开发环境和运行环境的条件限制）

---

3. 对现有系统的分析

3.1 系统模型（可使用系统框架图、流程图说明现有系统的基本构造与业务流程）

3.2 工作负荷（逐项列出现有系统需要承担的工作任务与工作量）

3.3 费用支出（列出现有系统运行时的人力、设备、支持性服务和材料等各项支出）

3.4 局限性（指出现有系统存在的问题，并说明开发新系统或改造现有系统的必要性）

4. 对拟开发系统的分析

4.1 拟开发系统的体系结构（可使用系统框架图概要说明拟开发系统的体系结构）

4.2 拟开发系统的工作模型（可使用系统流程图概要说明拟开发系统的基本业务流程）

4.3 拟开发系统的优越性（将拟开发系统与现有系统进行对比，并在诸如提高处理能力、减轻工作负荷、增强系统灵活性和保证数据安全等方面，说明拟开发系统所具有的优越性）

4.4 拟开发系统可能带来的影响（说明拟开发系统将对硬件设备、软件配置和用户操作等方面可能带来的影响）

5. 对拟开发系统的可行性评价

5.1 技术可行性评价（说明拟开发系统在技术方面具备的可行性）

5.2 经济可行性评价（说明拟开发系统所需的开发费用和可以预期的经济收益）

5.3 应用可行性评价（从法律法规、操作规程、处理流程等方面进行可行性评价）

6. 其他可供选择的方案（扼要说明其他可供选择的方案，并说明未被选取的理由）

7. 可行性分析结论（可能结论是：立即实施、待条件完善后实施、终止项目）

4.4　用户需求分析

4.4.1　分析内容

软件需求，即用户对软件的要求。通常，用户会根据自身的业务需要对软件提出要求，如要求财务软件系统能够按时自动生成财务分析报表，要求人力资源软件系统能够进行人力成本核算。

软件研发者需要根据用户需求研制软件。然而，软件研发者要能够研制出完全满足用户需求的软件并不是一件容易的事情。许多时候，研发者或许认为已经做到了用户所需，然而却并不能得到用户认同。例如，研发者研制了一个功能看似全面，性能良好，交互界面也比较吸引人的软件，但用户却可能认为软件的业务处理流程与实际作业流程不一致。因此，面对一个研发者自认为很不错的软件，用户却是牢骚满腹，要求返工重做。

毫无疑问，软件需求问题在影响软件质量，在降低用户对软件的满意度，在损害软件开发机构的声誉。因此，在研制软件之前，必须先对软件作细致的需求分析，由此搞清楚用户有哪些方面的需求。

软件有来自诸多方面的用户需求，如功能需求、数据需求、性能需求、接口需求等。需求分析中需要清晰明辨并分类收集这些需求。

- 功能需求。软件在服务上需要满足的要求，如定时发送通知、登录验证身份、年终汇总打印等。功能需求是保证软件可用的基本要求，需要优先考虑。

- 数据需求。软件在数据上需要满足的要求，如数据表现格式、数据存储结构等。数据需求也是保证软件可用的基本要求，需要优先考虑。
- 性能需求。软件在时间与空间约束上需要满足的要求，如操作响应最大时间限制、数据传输最小速率限制、系统安装最小外存要求、系统运行最小内存要求等。
- 接口需求。软件在通信或交互上需要满足的要求，包括硬件接口需求、软件接口需求、应用接口需求。其中，基于交互界面的应用接口需求最为用户所关注，直接影响用户对软件质量的评价。

4.4.2　分析过程

需求问题贯穿软件研发的全过程。通常，系统前期分析时需要考虑有关软件的全局性需求框架。例如，来自前期分析的某系统全局性需求框架：①需要采用 B/S 结构，以适应基于互联网的远程访问；②需要建立分级权限控制，以满足用户的多层级分组应用；③需要建立数据中心，以满足分布环境下的数据共享。

全局性需求框架将决定整个软件系统的体系结构。然而，要研制出符合用户应用需要的软件，不仅需要确定符合其需要的软件体系结构，还必须确定符合其应用需要的功能细节、数据细节。需求分析的目的就是全面获取这些需求细节。

前期分析中已确定的全局性需求框架是需求分析的工作基础。

以需求框架为线索进行更全面的用户需求分析，涉及获取用户需求、建立需求模型、定义软件规格等多项任务步骤，其分析过程如图 4.10 所示。

图 4.10　需求分析过程

4.4.3　任务承担者

需求分析需要软件研发者与用户的共同参与，一般由开发者主导，但活动核心是用户。无疑，开发者与用户都应该积极地扮演好自己的角色，因为只有这样，开发者与用户之间才能形成共识，才能产生出双方认同的需求约定。

需求分析需要对需求问题有较完整的求解，因此，不仅需要开发者与用户达成需求约定，还需要考虑如何实现需求，这就涉及软件规格，如功能规格、数据规格、性能规格，以使软件开发者在实现需求时、用户在确认需求时能够有可信赖的技术与质量依据。

需求分析中开发者需要与用户交流、沟通、协商。然而，开发软件的技术专家习惯于从专业技术角度看待软件问题，更愿意使用技术性术语说明软件问题，可是用户并不能很好地理解这些技术性术语。因此，开发者与用户之间可能出现沟通障碍。

显然，需求分析需要既熟悉软件技术又熟悉用户业务的专业人员完成。系统分析师就是这样的需求分析专家，他们熟悉开发者与用户双方的术语，并有良好的需求分析技能，能够很好地理解双方的意图，能够很好地协调双方的意见。

实际上，系统分析师承担了将用户需求意愿转述为可用于约束软件设计实现的技术性规格的职责，如图 4.11 所示。

图 4.11　系统分析师的职责

4.5　获取用户需求

软件需求源于用户，需求分析的首要任务就是获取用户需求。

系统工程中建立的全局性需求框架可为详细需求分析提供方向导航。实际上，一方面可基于高层需求框架逐项地获取用户的需求细节，另一方面诸多需求细节又在确认并充实需求框架。

用户需求细节应该越具体越明确越好。例如，需要打印工资，需要按职位分类打印工资，显然后一种需求描述更显具体，更能反映需求细节。

分析者可直接从用户身上获取需求细节。然而，需要注意的是，这些直接来自用户的需求往往是零散的，并可能存在歧义，或在技术上存在不合理性。因此，分析者还需要对收集到的需求进行筛选与分类。

此外，由于受软件认识的限制，用户需求意识大多非常模糊。一些表层需求，如报表格式、界面样式，或许能够直接意识到。一些深度需求，如软件运行模式、数据存储方式、信息保密机制，则很难直接表达，而必须依靠分析人员的诱导才能挖掘出来。

4.5.1　识别用户

1. 用户特点

通常情况下，用户就是软件的使用人。然而，当用户作为一个与软件相关的抽象概念出现时，它则有着范围更广的外延，泛指系统以外一切可从软件获得服务的对象，包括软件使用机构、软件直接操作者、软件间接受益者，以及需要从软件获得服务支持的其他系统或设备，如图 4.12 所示。

图 4.12 来自不同领域的用户

软件需求源自用户。显然，如果用户是一个具体的人，如管理员、绘图员、打字员时，开发者可以很直接地从这个可主动诉求的人的身上获取需求意愿。然而，如果用户是一个非具体的人，如机构、部门、其他系统、电子设备时，则一般不能直接从它们身上获取需求，而是需要寻找用户代表（可代表用户的具有诉求能力的人），并从用户代表那里获取用户需求。

- 当用户是一个机构或一个部门时，该机构或部门的负责人可看成是用户代表。
- 当用户是一个有待集成的其他系统时，这个其他系统的创建者、使用者或销售者可看成是用户代表。
- 当用户是一个有待连接的外部设备时，这个设备的制造方代表或设备使用者可看成是用户代表。

2. 用户分类

用户的业务环境及其需求大都是复杂的。现实情况往往是，开发者或许只是在开发一个规模并不算很大的软件系统，然而却不得不面对一个来自诸多领域的用户群，并需要面对来自用户的各种各样的、复杂的需求愿望。显然，为方便分析用户需求，开发者有必要对用户进行分类。

对于业务管理系统，开发者通常可根据用户在业务组织中的位置将用户分为高层用户、中层用户和低层用户。

（1）高层用户：与系统相关的决策层用户。

（2）中层用户：与系统相关的部门层用户。

（3）低层用户：系统的最终操作者。

不同层级的用户会有不同的软件需求。

高层用户所关注的可能是基于系统的业务发展，如新系统是否有利于提高工作效率、是否有利于拓宽业务面、是否有利于改善客户关系。

中层用户所关注的可能是基于系统的业务运作，如新系统是否能确保现有业务模式的正常运转、是否能更方便有效地提供他所需要的业务数据。

低层用户所关注的往往是实际操作，如新系统是否能提供更加人性化并更加方便快捷的操作界面、自己是否能很快学会新系统的使用。

开发者也可根据用户与软件系统的亲密关系对用户进行分类，如核心用户、直接用户、间接用户。

（1）核心用户：软件系统管理员即为核心用户，有比较专业的软件使用能力，能够配置系统，能够对其他用户进行有效的授权控制。

（2）直接用户：软件系统一般操作员即为直接用户，能够比较熟练地操控系统。

（3）间接用户：与软件系统相关的部门负责人可看成是间接用户，他并不直接操控系统，但他需要从软件中获取如年度报表之类的数据。

4.5.2 从调查中收集用户需求

迄今为止，调查仍是收集用户需求的最基本途径。很显然，不同的软件系统将涉及不同的需求问题，有不同的调查内容，并需要采用不同的调查方法。

1. 调查提问

在需求调查中，分析人员需要依据有待开发软件的特点精心设计需求提问。

需求提问的一般顺序是：由软件系统的外部环境，到软件系统的具体应用，然后逐步深入到软件系统的功能、性能、安全、人机交互等内部特征，由此比较全面地了解用户的需求意图。

需求提问还应该考虑对用户的需求诱导，以启发用户的需求愿望。

例1：针对某制造厂生产管理系统的需求提问。

制造厂生产管理系统是一个与业务环境密切相关的系统，所涉及的业务因素有业务组织、业务范围、业务流程、业务数据。以下的需求提问即围绕这些因素展开：

（1）哪些活动将会影响产品生产？

（2）希望系统对哪些生产活动实施管理？

（3）谁将参与系统范围内的生产管理？如部门、人员。

（4）是否可以画图说明生产管理流程？

（5）是否有过使用软件系统管理产品生产的经验？

（6）已有老系统中的结果是否需要被新开发的生产管理系统保留下来？如老系统界面风格、老系统中的重要数据。

（7）生产管理系统是否需要导入其他系统中的数据？如人力资源系统。

（8）生产管理系统产生的数据是否需要导出到其他系统？如财务系统。

例2：针对某大厦智能监控系统的需求提问。

大厦智能监控系统与大厦需要提供的监控服务密切相关，所涉及的因素有大厦布局、服务设施、监控点、监控设备、监控目的等。以下的需求提问即围绕这些内容展开：

（1）是否可以大概地描述大厦布局？

（2）是否有比较全面的大厦布局图、结构图？

（3）大厦是否有监控中心？

（4）大厦将用到哪些监控设备？

（5）由谁提供这些监控设备？

（6）这些监控设备是否有配套驱动程序？

（7）这些监控设备是否有配套使用说明书？

（8）这些监控设备是否都需要连接到监控中心？

（9）希望如何进行防盗监控？

（10）希望如何进行防火监控？

2．调查方法

不同的软件系统将需要用到不同的调查方法。一些常用的调查方法有访谈、座谈、问卷、跟班作业、收集资料等。

（1）访谈。

访谈就是与个别用户面对面地交流沟通。

访谈可带来良好的沟通氛围，用户可比较自由随意地表达想法、愿望，访问者可从这种良好的氛围中很直接地捕获到用户的需求意愿。

访谈还有利于消除用户因技术隔阂造成的需求疑惑，一些容易被用户误解的专门术语可通过访谈向用户做直接细致的需求解释。

然而，访谈只能获取小范围的调查，调查人数受到限制，调查效率也比较低。因此，访谈形式一般只是用于调查对系统需要有全面把握的核心用户，或是用于调查决定项目命运的高层用户。

（2）座谈。

座谈就是开发者以会议形式邀集多方用户代表对需求问题进行商讨。

当所面临的需求问题需要考虑到多部门业务协调时，座谈是一种很好的需求协商机制，可使各部门代表通过讨论来明确各自的业务边界。

有正式与非正式两种座谈形式。

非正式座谈一般用来建立人际交流，获取工作中所需要的情感沟通，使开发者与用户相互熟悉对方领域。非正式座谈中，参加人可比较自由地发表意见。

正式座谈则是一个比较规范的需求协商活动，有较严格的时间、议题限制，并需要产生比较正式的协商结论。正式座谈要求参加人严格按照议程顺序与议题发言，因此要有很好的准备，需要事先确定好会议地点、时间、参加人员、核心主题、相关问题，以及会议议程、目标等。

（3）问卷。

问卷就是给用户分发需求调查答卷，一些主要的问卷形式是：纸质问卷、网络问卷、电话问卷。

调查问卷有利于从数量众多的个体用户身上获取需求意愿。例如，开发者需要开发一个商业通用软件，为了使软件有一个比较好的市场定位，就必须广泛地获取用户对软件的看法，此时可采取问卷方式进行需求调查。

（4）跟班作业。

跟班作业即为分析人员对用户业务活动的亲身体验。由于可获得最直接的需求体验，因此有利于对需求细节的把握。一些业务过程，如制造企业的生产过程，若仅凭来自用户的间接描述，则难免有细节遗漏，因此，必须要有分析人员的跟班作业进行需求补充。

（5）收集资料。

收集资料就是收集各种与待开发软件有关的文字、图片材料等。例如，用户机构的组织结构图、业务流程图、业务规则、工作制度、与业务有关的打印报表和数据资料等。

3. 整理调查结果

从调查中获得的用户需求往往是模糊的、零散的。因此，分析人员还需要对调查到的用户需求进行整理，以使来自用户的需求结果能够清晰明了，便于理解。

如果用户需求中出现了需求歧义，有了需求冲突，或需求超越了现有技术条件，分析人员还必须与用户讨论、协商、谈判，以使不够科学、不够合理的需求变成科学合理的需求。

实际上，经过整理的用户需求已不只是原始用户需求，它还含有分析者的智慧，并体现为开发者与用户关于需求问题的共识。

4.5.3 建立需求规约

需求规约是开发者与用户就需求问题达成的约定。

开发者在投标软件项目时，即需要考虑与用户达成初步的需求约定。然而，这只是一个框架性规约，不涉及细则，只大致约定需要构建哪些子系统，需要具备什么功能，需要基于什么环境运行。

需求分析则必须考虑规约细则。通过调查获取到的用户需求需要编入需求规约细则。

需求规约的特点是：

（1）面向用户：实现与用户的沟通、交流，反映用户需求价值，使用易被用户理解的自然语言编制。

（2）完整性：应该全面反映用户需求，不仅需要说明有待开发的系统，还应该对有待开发系统的环境因素，如业务组织、设备、其他相关系统等给予必要的说明。

（3）逐步完善：不可能一步到位，其中的诸多需求细节必然需要在以后的需求分析过程中逐步地验证、修正与补充。

需求规约是重要的需求分析成果，是需求建模与软件规格定义的基础。需求规约经需求验证后，将作为正式文档内容写进需求规格说明书，以反映用户的需求价值。

例1："产品计划与生产管理系统"需求规约。

为减少产品积压，某制造厂决定基于产品市场订购实施产品生产，并决定委托某软件公司开发一个与该生产模式相适应的管理系统。

该生产管理系统要求具有以下功能：

- 查询产品存量。
- 签订产品合同。
- 制订产品计划。
- 制订材料计划。
- 制订生产计划。
- 监督生产进度。
- 验收产品计划。

该系统将应用于该制造厂的市场部、生产部、材料部。

（1）市场部。

- 负责签订产品合同。
- 依据产品合同、产品存量状况制订产品计划。
- 验收产品计划。

（2）生产部。

● 依据产品计划制订材料计划、生产计划。

● 依据生产计划监督生产进度。

（3）材料部。

依据材料计划进行原材料配置。

例 2："大厦智能监控系统"需求规约。

某大厦需要进行智能防火、防盗监控，大厦已在需要监控的位置安装了红外线感应器，并且这些红外线感应器都已与监控中心计算机连线。现在需要开发一个将运行于监控中心计算机的安全监控系统，以使得当红外线感应器捕获到安全事件时系统能够自动报警。

该安全监控系统要求具有以下方面的功能：

（1）系统配置功能。

系统管理员有权配置系统。

● 可开启或关闭整个系统。

● 可开启或关闭某些监控点。

● 可开启或关闭某些监控事件。

● 有 1、2、3 三个报警级别，每级报警电话号码可分别设置。

● 可对监控点或监控事件设置报警级别。

（2）系统报警功能。

● 当红外线感应器监控到安全事件时，安全监控系统会记录这个事件，事件现场会响铃报警，并且系统会逐级拨打报警电话。

● 报警电话会通知安全事件发生的地点、事因。

● 事件现场的响铃报警必须是现场关闭才会终止。

● 设置的报警电话在响铃报警之后，将每隔 20 秒上升一级地逐级拨打报警电话，直到有其中的某一级报警电话被接听为止。如某监控点设置了三级报警，则在响铃报警之后，首先拨打一级报警电话；若一级报警电话 20 秒无人接听，将拨打二级报警电话；若二级报警电话 20 秒无人接听，将继续拨打三级报警电话；若这个过程中有一个报警电话被接听，则终止报警电话拨打。

4.6 建立需求模型

建立需求模型，也就是使用图形方式描述需求问题。通常看来，直观图形方式有利于与用户进行需求探讨，有利于用户需求抽象，有利于由用户需求到软件规格的过渡。

从获取用户需求到建立需求模型需要交替进行。也就是说，抽象模型的创建往往不能一次完成，而是需要多次反复，因为只有这样才能使用户需求获得最接近于现实的模型抽象。

需求分析通常需要从业务、功能、实体、行为等几个方面建立模型。

● 业务模型。对用户业务的抽象，用来说明系统所面临的业务环境，如业务边界、业务流程、业务关系。常用建模工具有业务流程图、用例图、活动图。

● 功能模型。对软件功能的抽象，建模内容有功能组成和功能过程。常用建模工具有功能树图和数据流图。

- 实体模型。对与系统有关的现实实体及其关系的模型抽象。常用建模工具有实体关系图和类关系图。
- 行为模型。对系统与环境之间交互的模型抽象。常用建模工具有活动图、状态图和时序图。

需求分析中首先需要考虑的是用户的业务需求。

一个系统尽管功能全面、性能优良，但如果与用户业务冲突，则它就没有了使用价值。而要搞清楚用户业务，就需要建立业务模型。

4.6.1 业务域模型

业务域建模用于划分业务及其归宿。来自 UML 的用例图能够用来划分业务域，并说明业务归宿。每个椭圆的用例图符用来表示一项业务，人形的参与者图符用来表示用户，连线用来表示业务归宿于某个用户。图 4.13 所示是某"产品计划与生产管理系统"业务用例图，用来表达有哪些业务，谁将关联这些业务。

图 4.13 某"产品计划与生产管理系统"业务用例图

显然，业务域模型中的业务应该有清晰的边界。因此，如果某两项业务中有共同的并可分离的业务单元，则两项业务的共同部分有必要作为专项业务抽取出来，并进行专门的描述。

4.6.2 业务流模型

业务流建模用于表达业务活动的步骤。传统流程图可说明业务流程，来自 UML 的活动图也可用来说明业务流程。图 4.14 所示是某"产品计划与生产管理系统"业务活动图。

活动图有较强的建模能力，不仅可说明活动顺序，还可说明由一项活动到另一项活动的逻辑跳转。

业务层面的活动建模一般并不涉及业务的局部逻辑控制，而只需反映业务的基本流程，其中的活动通常代表一个业务子项。

业务活动图还必须考虑的是执行者，以反映业务归属。通常情况下，一个将经历多个业务子项的全局业务过程会涉及多个执行者（承担任务的部门或个人）之间的任务协助，因此，也就需要考虑各个业务子项的具体执行者是谁。

图 4.14 某"产品计划与生产管理系统"业务活动图

这些活动执行者通常可与用例图中的参与者对应，活动图中一般使用"泳道"表示，如图 4.14 中的市场部、生产部、材料部。

4.7 定义与验证软件规格

4.7.1 软件规格定义

在完成软件需求建模之后，接着可根据需求模型定义软件规格。

为使软件创建时能够有比较完整的规格依据，软件中的各项需求，如功能、数据、性能、接口等都需要进行规格定义。

- 功能定义。系统中功能成分的规格说明，主要规格要素有功能特征、功能边界、数据输入/输出、异常处理等。
- 数据定义。系统中数据成分的规格说明，主要规格要素有数据名称、别名、组成元素、出现位置、出现频率等。

- 性能定义。系统中性能指标的规格说明，如响应时间、传输速率、存储容量等。
- 接口定义。系统中接口的规格说明，包括硬件接口、软件接口、应用接口。

4.7.2 软件需求验证

所谓需求验证，就是对需求分析成果（如需求规约、软件规格定义）的检查与确认。通常可从以下几个方面进行需求验证：

- 有效性验证：检查并确认需求规约或规格定义中的每项条款都是为满足用户应用而建立的，其中没有无用的多余条款。
- 一致性验证：检查并确认需求规约或规格定义中的每项条款都是相容的，相互之间没有内容冲突。
- 完整性验证：检查并确认需求规约或规格定义所给出的需求集合已对用户目前应用有了较完整的需求表述。
- 现实性验证：检查并确认需求规约或规格定义中的每项条款都是可最终实现的软件需求。
- 可检验性验证：检查并确认需求规约或规格定义中的每项条款都可被用户体验或检测。

4.7.3 通过原型验证用户需求

用户需求首先体现在需求规约上，它是直接面向用户的。通常情况下，为了使需求规约能更加准确地表达用户的需求意愿，其中的各项需求说明有必要让用户做更进一步的验证确认。然而，有很多因素在干扰用户的需求验证确认，如用户需求的不稳定性、用户对软件认识的局限性。现实情况往往是，分析者已向用户多次解释需求规约，然而用户并不能很好地理解规约。需要引起重视的是，用户需求验证的艰难必将影响到软件开发的进程。实际上，需求分析后续工作不得不因验证的艰难而停滞下来，软件的设计、编码工作当然更是无法启动。

许多成功软件项目的经验告诉我们，需求原型有利于改善需求分析工作环境。需求原型可给用户带来直观的需求感受。一些可被用户直接看到的需求即可通过原型验证，如界面、报表、数据查询的需求验证。

需求原型大多是抛弃型原型，通常无须考虑正常使用，因此，可考虑通过软件快速生成工具创建需求原型。基于原型的需求验证过程如图 4.15 所示。

图 4.15 基于原型的需求验证过程

需要指出的是，需求原型价值的发挥还依赖于分析者的有效把握。通常情况下，分析者应该主动地、有针对性地向用户演示原型，并在演示原型的同时逐项说明需求规约。

分析者还有必要指导用户与原型进行交互，以使用户能从原型中获得更真切的需求体验，并认真记录用户由原型体验而诱发出来的新的需求认识。

4.7.4 通过评审验证产品规格

需求评审是一种传统的正式的需求验证机制。

通常，需要有一个专门的评审小组进行需求评审。其应该是一个由各个方面专家或代表（如软件分析师、软件工程师、领域专家、用户代表）组成的评审小组，他们将一同检查需求规约、软件规格中的各项需求说明。

可从以下几个方面对需求进行评审：

（1）一致性：检查是否有需求冲突，如功能之间是否有相互矛盾的规约说明。

（2）有效性：检查每一项需求是否都符合用户的实际需要。

（3）完整性：检查是否有需求遗漏，需求规约是否已很完整地反映了用户的需求意愿。

（4）现实性：检查各项需求是否都能通过现有技术给予实现，用户是否可在开发出来的软件中看到需求结果。

（5）可检验性：检查各项需求是否都有适合于用户的检测方法；当软件交付用户使用时，用户是否可自行进行需求检验。

（6）可读性：检查需求规约是否具有可读性，是否能够被用户轻松理解。

（7）可跟踪性：检查是否清楚记录了各项需求的出处。

（8）可调节性：检查是否能够应对可能出现的需求变更。

4.8 需求规格说明书

需求分析以建立需求规格说明书为任务目标，它是需求分析的成果体现，是需求分析阶段需要交付的文档。

几乎所有与软件有关的人员，如用户、项目管理者、软件设计者、软件测试者都需要阅读这份文档。

- 软件用户：按照需求规格说明书对软件系统进行验收。
- 项目管理人员：根据需求规格说明书制订项目详细开发计划，安排项目进程。
- 系统开发人员：以需求规格说明书为依据进行系统设计与实现。
- 系统测试人员：以需求规格说明书为依据进行系统有效性测试。

下面是需求规格说明书的参考格式。

---

1. 引言

  1.1 编写目的（阐明编写本需求规格说明书的目的，指出读者对象）

  1.2 项目背景（列出本项目委托单位、开发单位和主管部门，说明该软件系统与其他系统的关系）

  1.3 定义（列出本文档中所用到的专门术语的定义和缩写词的原意）

  1.4 参考资料（说明报告中引用的资料，包括本项目经核准的计划任务书、合同或上级机关的批文，项目开发计划，本文档需要引用的论文、著作，需要采用的标准、规范）

2. 系统概述

    2.1 系统定义（说明系统目标，定义系统边界，描述系统业务规则。可使用顶层数据流图或用例图进行描述）

    2.2 处理流程（说明系统数据或业务处理流程，可使用数据流图或活动图描述）

    2.3 运行环境（如硬件设备、操作系统、支撑软件、数据环境、网络环境）

    2.4 条件与限制（如软件平台限制、硬件设备限制、开发规范或标准的限制）

3. 功能需求

    3.1 功能划分（可使用功能层次图说明系统功能组织结构）

    3.2 功能描述（对功能层次图的每一个功能点进行细节说明）

4. 性能需求

    4.1 数据精确度（输出数据的精确位数）

    4.2 时间特性（如操作响应限时、数据更新限时、数据转换与传输限时等）

    4.3 适应性（当操作方式、运行环境等发生变化时，系统应该具有的适应能力）

5. 运行需求

    5.1 用户界面（如屏幕格式、报表格式、菜单格式等）

    5.2 硬件接口（如串行接口、并行接口、USB接口，以及其他能支持的设备接口）

    5.3 软件接口（与其他需要协调工作的软件的接口）

    5.4 通信接口（如网络连接器件、网络通信协议）

    5.5 故障处理（说明当出现软件、硬件故障时的应急处理）

6. 其他需求（可使用性、安全性、可维护性、可移植性等）

7. 数据描述

    7.1 静态数据（建立实体关系模型说明静态数据结构）

    7.2 动态数据（输入、处理、输出中的数据）

小　结

1. 计算机体系结构

几种典型的计算机体系结构：

- 中央主机结构。主机集中了全部智能，并依靠终端接口与外部设备连接。
- 客户机/服务器结构。智能分布于服务器与客户机，并依靠网络连接成系统。其中，服务器处于核心位置，提供被动核心服务；客户机处于边缘位置，可主动访问服务器，寻求服务支持。
- 浏览器/服务器结构。一种更适合互联网远程交互的基于 Web 应用的特殊的客户机/服务器结构。

2. 软件系统前期分析

可从以下几个方面进行软件高层分析：

- 软件系统的业务领域、业务边界与业务流程。
- 软件系统对硬件设施、网络环境、数据环境的依赖。

- 软件系统的安全层级、措施与防范机制。
- 软件系统与其它相关系统之间的协作关系。
- 软件系统与用户组织及其工作任务的协调性与适应性。

3. 项目可行性分析

以少量的时间及人力成本，对项目是否可着手实施作出有依据的判断，以避免因项目实施条件不具备而造成的大量人力、物力与时间的浪费。可从技术、经济、应用等几个方面进行可行性分析，分析结论则需要撰写成可行性分析报告，并提交有关部门确认。

4. 用户需求分析

需求分析是为有效解决用户需求问题而需要进行的一项工程活动，所需考虑的需求问题有功能需求、数据需求、性能需求、接口需求。

开发者与用户都将参与需求分析活动。开发者承担分析任务，但活动核心是用户。

需求分析任务需要由熟悉用户业务的系统分析师承担。

需求分析步骤是：获取用户需求、创建需求模型、确定软件规格、进行需求验证、撰写需求规格说明书。

习　题

1. 计算机系统的基本特征是什么？
2. 举例说明客户机/服务器结构的系统扩充性。
3. 浏览器/服务器结构有哪些特点？与客户机/服务器结构比较，其有哪些优势及弱点？
4. 对于网络商务软件，你将如何考虑其体系结构？请说明你的理由。
5. 对于网络游戏软件，你将如何考虑其体系结构？请说明你的理由。
6. 软件开发为什么要做前期分析？需要进行哪些方面的前期分析？
7. 目前需要开发一个网上商品订购系统，其所需功能有客户登录、客户商品订购、商店接收订单、商店商品配送，并有数据库提供数据支持。请使用框架图描述其基本结构，使用系统流程图描述其业务过程。
8. 软件项目实施前为什么要进行可行性分析？涉及哪些方面的可行性分析？
9. 软件开发所采用的技术如果既先进又成熟，那么该技术是否一定具备可行性？
10. 什么是软件需求？有哪些方面的软件需求？
11. 软件往往因不能满足应用需求而遭遇用户抱怨。对此，如果你是软件开发者，你有何看法？并有什么解决措施？
12. 通常认为，系统分析师是需求分析专家，那么作为专家，应该具备哪些素质？
13. 请对需求分析的基本过程作出说明。
14. 什么是软件用户？有哪些方面的软件用户？
15. 调查仍是收集用户需求的最主要途径，常用的调查手段有哪些？
16. 需求分析中可建立哪些方面的需求模型？分别有什么用途？
17. 业务活动建模中，"泳道"代表了什么？
18. 需求分析中涉及哪些方面的需求验证？
19. 如何通过原型进行需求验证？如何通过评审进行需求验证？

第 5 章　软件设计

在软件产品规格确定以后，即可设计软件。软件设计一般按照概要设计、详细设计两步进行。首先需要完成的是概要设计，以提供实现软件必须要有的基本框架。接下来是详细设计，主要是程序算法设计。

 本章要点

- 系统概要设计
- 系统构架、数据结构、程序结构
- 结构化程序流程控制
- 程序编码规范

5.1　系统概要设计

5.1.1　基本任务

概要设计也叫总体设计，以需求分析中确定的软件规格为依据，涉及系统构架、程序结构、数据结构等诸多方面的设计，以对软件系统作出总的设计规划，形成构建软件的总的设计蓝图。

1. 系统构架设计

系统构架设计用于确定系统的基础框架。对此，设计者可从以下两个方面进行设计：

（1）系统支持环境，如硬件环境、软件环境、网络环境。

（2）系统体系结构，如系统基本成分、系统各成分之间的关系。

2. 数据结构设计

概要设计中需要对公共的或影响全局的数据进行设计：

（1）动态数据，如全局数据变量。

（2）静态数据，如数据库、数据文件。

（3）数据规则，如数据完整性规则、数据触发条件。

（4）数据应用，如数据视图、存储过程、数据索引。

3. 程序结构设计

程序结构指的是程序基于模块构造。程序结构设计涉及的问题有模块及其关系、结构的合理性及其优化。通常，可从以下几个方面进行程序结构设计：

（1）定义模块，如功能模块、对象模块、组件模块。

（2）确定模块关系，如功能调用、对象引用、组件集成。

（3）评估程序结构，进行结构优化。

4. 安全防范设计

系统安全防范需要考虑的问题有：权限管理、日志管理、数据加密处理、特定功能的操作校验等。

概要设计中，必须对上述安全防范问题有专门的考虑。例如，操作权限，假如系统需要采用权限分级管理，则设计中就必须对权限分级管理所将涉及的分级层数、权限范围、授权步骤等从技术角度给出专门的说明。

5. 故障处理设计

软件系统工作过程中难免出现故障，概要设计时需要对各种可能出现的故障，如软件故障、硬件故障、通信故障等，有专门的容错考虑。

一些常用的容错措施有：双机运行、异常监控、数据备份。

6. 设计评审

在某项设计任务完成之后，必须组织设计评审。

主要的评审内容有：

（1）需求确认。确认所设计的软件是否已覆盖了所有已确定的软件需求。

（2）接口确认。确认该软件的内部接口与外部接口是否已经明确定义。

（3）模块确认。确认所设计的模块是否满足高内聚、低耦合的要求。

（4）风险性评估。该设计在现有技术条件下和预算范围内是否能按时实现。

（5）实用性评估。该设计对于需求的解决是否实用。

（6）可维护性评估。该设计是否考虑了今后的维护。

（7）质量评估。该设计是否表现出了良好的质量特征。

5.1.2 设计过程

上面介绍了软件概要设计中的一些主要任务，然而这些任务还需要安排得当、合理有序。图 5.1 所示为概要设计的基本过程。

下面是对该设计过程的一些补充说明。

（1）系统概要设计必须建立于软件需求分析结论的基础上，并以实现软件需求、满足应用为基本设计目标。因此，软件需求分析成果应作为概要设计的入口，并作为概要设计中诸多任务的执行依据。

（2）系统构架设计是确定系统的基本框架，该项设计任务应该首先启动，并且必须在其他设计启动之前完成，以使系统其他方面的设计可基于系统基本框架有效展开。

（3）许多软件系统是依靠数据库提供具有规范的数据支持。在信息系统中，数据库的作用显得尤为重要，大多体现为基于数据库的工程驱动。这就意味着，数据库设计有必要优先进行，以使得在设计系统程序结构时能够有可依赖的数据环境支持。

（4）概要设计中最繁重的任务是设计程序结构。由于系统构架设计中已确定好了软件系统体系结构，并将系统划分为若干个具有独立特征的子系统，因此，程序结构设计可按照划分好的子系统逐项完成。

（5）其他设计，如安全防范设计、故障处理设计，是为完善系统功能而考虑的，它们可在系统基本功能设计完成之后进行。

（6）来自诸多方面的概要设计成果都应作为重要技术资料列入概要设计说明书。其可以直接写入概要设计说明书中，也可以作为文献列入，但无论形式如何，诸多设计成果都将成为今后软件系统的创建依据。

图 5.1　概要设计的基本过程

5.2　系统构架设计

高楼大厦需要有稳固的基础，如地基结构、梁柱结构等。庞大的软件系统也需要有稳固的基础，系统构架也要考虑这样的基础。

5.2.1　软件系统支持环境

软件系统支持环境是构建系统时必须事先考虑的基础条件，如同软件大厦的地基，涉及硬件环境、软件环境、网络环境等几个方面的问题。

1.　硬件环境

软件系统需要硬件支持才能运行，并对硬件设备有一定的要求，如计算机的 CPU 性能指标、内存容量、外部存储方式与容量等。

通常，设计者可依据需求中的软件性能指标对硬件配置作出设计约定。

2.　软件环境

软件系统的正常工作还需要一定的基础软件支持，如操作系统、数据库管理系统、中间层构件、开发平台，它们是基础软件。

通常，设计者可依据需求中有关软件的功能与数据的技术性要求，以及软件的应用领域、技术特征，对软件支持环境作出设计约定。

3.　网络环境

软件系统的工作还可能依赖于网络，并对网络环境有一定的要求，如网络带宽、网络布局、网络通信协议、网络安全措施等。

通常，设计者可依据需求中有关软件的网络通信要求与数据传输指标对网络环境作出设计约定。

5.2.2 软件系统体系结构

软件系统体系结构是建立在系统支持环境基础上的系统基本框架，是软件系统成长必须要有的骨骼，可作为构建、扩充与完善系统的基础。

那么，我们将如何设计软件系统体系结构呢？如果只需要创建由少数几个程序模块构成的单一程序系统，则软件系统体系结构也就是程序结构，早期的小规模软件系统就是以此为体系构架的。但是，如果需要创建的是更大规模的软件系统，包含多个子系统，涉及数据库、资源文件的支持，则软件系统体系结构就不只是程序结构了，而必然涉及更高层次的总体结构。

1. 软件系统分层结构

分层结构是一种具有代表性的软件系统结构，如图 5.2 所示，其特点是系统从上至下被划分为：界面交互层、业务处理层、数据处理层、数据存储层，各层面内部由协作元素（如子系统、组件、数据库）聚集，层面之间依靠接口实现通信。

图 5.2　软件系统分层结构

分层结构的优势是系统可分层构建，各个层面有比较确定的功能目标，并有特征明确的构造元素与构造规则。

- 界面交互层：功能目标是实现系统与环境的交互，需要面向用户确定操作规则，构造元素主要是界面控件，如按钮、文本框。
- 业务处理层：功能目标是实现业务流程控制与业务数据计算，构造元素是业务子系统，它们通常基于特定的业务定义，构造元素是一些功能构件，如 DLL 动态库、EXE 可执行程序。
- 数据处理层：功能目标是实现数据的读写处理，构造元素主要是基于 SQL 语言的函数包，如数据视图、数据存储过程、数据触发器。

- 数据存储层：功能目标是实现数据的有效存储，构造元素是数据集合体，如数据表、数据文件。

2．以数据为中心的软件系统构架

对于以数据处理、统计、汇总为业务特征的信息系统，软件可以以数据为中心构建。图5.3 所示为其体系构架图。

图 5.3　以数据为中心的软件系统构架

数据驱动是以数据为中心的软件系统的最通常的设计路线，也就是先规划好数据环境，如数据库、数据文件，然后按照系统对数据的业务应用划分规划子系统。

3．客户机/服务器软件系统构架

客户机/服务器系统构架基于网络构建，从最初的两层结构到三层结构，再到基于 Web 的B/S 结构，它们反映了客户机/服务器系统构架在应用上的逐步发展。

（1）两层客户机/服务器构架。

初期的客户机/服务器构架将软件系统分为前端程序与后台数据两个部分，其中前端程序，如界面程序、业务处理程序，被安置在客户机上，而后台数据被安置在数据库服务器上，这就是两层客户机/服务器系统构架，如图 5.4 所示。

图 5.4　两层客户机/服务器构架

两层客户机/服务器构架的优点是结构简单、容易实现，而且交互与业务处理程序是运行在客户端，因此，有较好的操作性能，可方便客户端对数据的计算与表现。

但两层结构有管理与维护的不便。客户端程序需要承担信息表示与业务处理双重任务，并且被分散在许多不同的客户机上，当界面风格或业务规则改变时，需要较大的客户机程序变更开销。

（2）三层客户机/服务器软件系统构架。

三层构架是鉴于两层构架在管理与维护上的不便而提出的，也就是将原来安置在客户机上的业务处理程序提取出来，并把它放到一个专门的"应用服务器"上。图 5.5 所示为三层客户机/服务器构架。

图 5.5　三层客户机/服务器构架

三层构架的作用是使软件系统中容易改变的业务处理部分被集中到了应用服务器上，使得当系统业务规则改变时，需要更新的不是数目庞大的客户机，而只是应用服务器，因此，有利于系统今后的维护。但是，三层构架的软件实现技术难度加大，并对计算机硬件设备有比两层结构更高的性能要求。

还需要指出的是，三层客户机/服务器构架是逻辑结构，因此，某台计算机可以既是应用服务器，又是数据库服务器。实际应用中，为了使系统有更好的性能指标，大都分别设置有专门的应用服务器和数据库服务器。

（3）浏览器/服务器系统构架。

浏览器（Browser）/服务器（Server）系统构架也被叫作 B/S 系统构架。这是一种互联网环境下特殊的客户机/服务器结构。在 B/S 构架中，原来客户机上的界面程序被 Web 服务器上的 Web 页替代，因此 B/S 构架中已不需要专门的客户端程序，而只需要有一个通用的 Web 浏览器（例如 Microsoft Internet Explorer）就可以实现客户端对服务器的访问。图 5.6 所示为 B/S 系统构架。

图 5.6　浏览器/服务器系统构架

浏览器/服务器系统构架的优越性是无须对客户机做专门维护，并能够较好地支持基于互联网的远程信息服务。

浏览器/服务器系统构架的不足是用户信息需要通过 Web 服务器间接获取，因此，系统中数据的传输速度、数据的安全性和稳定性都不如传统的客户机/服务器构架。

4. 组件分布系统构架

组件是程序实体，形态多样，可以是 EXE 执行程序或是需要嵌入其他程序才能工作的动态库（DLL），甚至可以是一个具有一定综合处理功能的子系统。

组件由对象类集成。设计中通常将一些有较高依赖度的对象类加入到一个组件中，如需要协同作业的对象类、需要共享数据的对象类。实际开发中，往往会按照一定的抽象原则定义组件与设定组件边界，以确定组件中需要包含哪些类体。

可通过组件集成软件，并可通过组件建立分布式软件体系——诸多组件被部署在网络上的多台计算机节点上，而不同机器上的组件可以相互通信、协同作业。

值得重视的是，组件分布系统构架可突破传统客户机/服务器系统构架对分布的限制。基于传统客户机/服务器构架的系统分布是不对称的，客户机与服务器具有不同的地位，而组件分布可使分布对称，某个组件既可以是服务器，也可以是客户机，其角色只决定于它是在向其他组件提供服务，还是在请求获得其他组件提供的服务。

组件分布需要有组件分布中间层构件提供基础服务。组件分布中间层构件如同软件总线，可支持组件插拔，并可支持组件之间的通信与任务协作。图 5.7 所示为组件分布系统构架，图中组件是基于中间层构件集成的。

图 5.7　组件分布系统构架

目前应用中的一些主要组件分布中间层构件有 CORBA、DCOM、EJB。

（1）CORBA（通用对象请求代理模型）：由对象管理组织（OMG）定义的通用的并与机器无关的分布式对象计算准则。OMG 是一个由诸多有影响的软件开发机构，如 IBM、Sun 等组成的集团组织，因此，CORBA 得到了非常广泛的应用支持，目前已在 UNIX、Linux、Windows 等诸多操作系统上得以有效应用。

（2）DCOM（分布式组件对象模型）：由微软公司定义的组件分布中间件标准，主要用在微软公司的 Windows 操作系统上。DCOM 的通用性不如 CORBA，但结构简洁，便于应用。

（3）EJB（基于 Java 的分布式组件对象模型）：由 Sun 公司定义的组件分布中间件标准，主要用在基于 Java 的组件网络分布计算中。

5.3 数据结构设计

数据结构是指数据元素之间的逻辑关系。概要设计中需要设计全局数据结构。很显然的是，不同的数据结构会有不同的数据组织与访问形态，并会有不同的数据关联与程序协作。通常，设计可从数据的动态加工与数据的静态存储两个方面来考虑数据结构。

5.3.1 动态程序数据

动态程序数据是程序运行中需要操作的数据，一般以程序服务功能为设计目标。概要设计中，需要考虑的是影响诸多功能、跨越多个模块的全局性程序数据。

通常，可以基于数据字典（详见 8.3.4 节）进行数据抽象，并考虑到程序数据与程序功能相关性，定义元素级数据结构，如数据结构体、数据抽象类。

在确定元素级数据结构之后，接着需要考虑基于元素而产生的复合结构，如顺序表、链表、栈、队列、树、图等，它们可作为构造复杂数据的通用模板。

设计者可从数据表示与数据操作这两个方面考虑数据结构。例如，数据记录集，若记录集合只是用于对信息的检索，可选择基于数组的顺序表产生。然而，如果还需要在检索中进行记录的插入、删除操作，则需要选择基于指针的链表结构提供数据支持。

当程序涉及逐级临时存储时，则需要用到数据栈结构。这是一种线性数据结构，其特点是"先存后取"，可对有嵌套关系的程序结构提供有效的嵌套数据存储支持。

数据队列结构也是一种线性数据结构，其特点是"先存先取"，可支持程序中基于事务的排队等待。如果事务队列是严格按照排队顺序逐项处理的，则可采用顺序队列；如果事务队列涉及优先插队操作，则需要使用链表队列。

数据树结构是基于父子关系的非线性数据结构。树结构一般使用指针使诸多节点组织成树，当需要模拟具有层次关系的组织结构时，即可采用树结构表现数据。

5.3.2 静态存储数据

静态存储数据是指需要长久保存的数据，如数据文件、数据库。

数据文件是一种很具灵活性的静态存储结构。许多数据，如系统配置数据、系统运行日志数据，都可通过数据文件保存。设计者可能需要设计数据文件结构，以方便程序对静态数据的处理。

数据库中的数据也是静态数据，数据库结构涉及的元素有数据表、数据视图、数据索引，并需要考虑对数据的完整性制约，如数据关联、数据约束。通常，需求分析中已经基于用户业务建立了数据库分析模型，数据库结构即建立于该分析模型基础之上。数据库以数据表为数据的存储结构，可以从数据库分析模型中提取数据表。分析模型中的实体、关联等可映射为设计模型中的数据表。

5.4 程序结构设计

概要设计需要确定程序结构。通常可基于程序模块确定程序结构。概要设计需要定义程序模块（包括功能定义、数据定义、接口定义），需要确定模块之间的任务协作，需要确定如何由一个模块的运行有控制地转移到另一个模块的运行。概要设计并不需要考虑如何实现模块，也无须考虑程序的具体实现细节，这个问题一般留到详细设计解决。

5.4.1 程序模块

程序模块是结构化程序设计的产物，是程序中的功能单元，是构造程序的零件。

结构化程序中最基本的模块元素是程序函数。实际上，结构化程序的创建就是建立具有各种功能的程序函数，然后将它们按照一定的程序框架集成起来。

面向对象程序基于类体构造模块，函数只是类体的某个内部成员，需要通过类所生成的对象才能起到消息通道的作用。

在基于组件的系统集成中，组件被看作是程序模块。通常，组件是一个比程序函数或程序类体更大的且形态多样的模块，它可以是一个能独立运行的 EXE 可执行程序，或是一个可供其他程序引用的 DLL 动态链接库，也可以是一个需要嵌入到"窗体""Web 页"等界面程序中才能工作的程序控件。

1. 模块化

所谓模块化，就是程序基于模块构造。模块化有利于分解简化复杂软件系统。一个庞大的程序系统，如果能分解为诸多小的程序模块，则程序系统将变得更加容易理解，也更加容易实现。

对于上述结论，可以进行以下论证。

设 C(X)用于度量问题 P 的复杂度，E(X)用于度量为解决问题 P 所需要的工作量，则对于两个问题 X 和 Y，如果有

$$C(X) < C(Y)$$

则必有

$$E(X) < E(Y)$$

上述结论是显而易见的经验性结论，其表明问题越简单，解决这个问题所需要的工作量就越少。

另一个经验性结论是：

$$C(X1) + C(X2) < C(X1 + X2)$$

其表明如果能把两个结合在一起的问题隔离开来单独解决，则可以使原本结合在一起的问题的复杂度下降。

根据上面的经验性结论，可以作出以下推论：

$$E(X1) + E(X2) < E(X1 + X2)$$

其表明如果能够把两个结合在一起的问题隔离开来单独解决，则可以使解决问题的工作量减少。也就是说，复杂软件系统可通过模块分解而使问题"各个击破"。

模块化对软件问题简化的前提是，被分解出来的模块具有很好的独立性，相互之间没有过于复杂的联系。然而必然需要考虑到的是，模块之间不可能完全独立。

实际上，模块分解在简化其内部构造的同时却增加了模块数量，并增加了模块之间关系的复杂度。正因为如此，从开发成本角度看，模块分解有一个最小成本模块数范围。如图 5.8 所示，若分解程度低于这个最小成本模块数范围，则还可以通过分解而降低开发成本，但若分解程度达到了或超过了这个最小成本模块数范围，则分解反而增大了开发成本。

图 5.8　模块化与软件成本的关系

2. 模块对问题的抽象

抽象方法是人类特有的高级思维活动，是人类解决复杂问题时的强有力工具，可用来发现事物本质。抽象方法已被广泛应用于软件开发中。实际上，无论是软件分析还是软件设计，都需要用到抽象方法。

然而，在软件开发的不同阶段，由于抽象层次与对象的不同，需要用到不同的抽象手段。例如，在分析软件时，需要进行的是业务抽象，需要获取的是领域概念，所采用的是面向用户的领域术语。但在设计软件时，需要进行的则是功能抽象、数据抽象、接口抽象，需要获取的是程序模块，所采用的是面向设计者的形式化术语。

因此，概要设计中需要对软件问题进行模块抽象，以利于模块获得清晰而又明确的功能定义、数据定义、接口定义。但概要设计无须考虑程序模块的具体实现。概要设计中一般将程序抽象为一个黑盒子，尽管有清晰的可与周围其他元素区分开来的功能特征、数据特征、接口特征，但是却没有内部实现细节。

3. 模块内部信息隐蔽

模块内部信息隐蔽即模块的内部数据不能被模块以外的程序元素所直接访问。

信息隐蔽将有利于模块之间的相互隔离，可以限制模块之间的通信，可以使每个模块更具独立性。程序模块通常要求内部信息隐蔽，这样的程序往往更加"健壮"。例如，模块内部出现了某个计算错误，如果模块中的信息是隐蔽的，则这个错误将较难扩散到其他模块；如果模块内部信息不是隐蔽的，则错误就容易扩散到其他模块，并可能通过扩散而不断被放大，以致最初的小错误演变成为一个大错误，直至整个系统崩溃。

信息隐蔽还可以方便程序错误的定位。由于程序出错位置容易被发现，因此，程序纠错工作的效率、质量也都会随之提高。

信息隐蔽还将使对程序系统的局部修改变得更加安全可靠。一些模块可能需要根据用户的需求变更而进行适当的改造。当需要对模块进行改造时，信息隐蔽会使对模块的改造所造成的影响被限制在被改造模块之内，而不会影响到其他模块。

通过限制模块中数据或操作的影响范围可以产生出模块内部信息隐蔽的效果，如在程序函数中使用局部变量、在类体中定义私有成员数据或私有成员函数。

5.4.2 模块独立性

功能抽象与信息隐蔽可带来模块独立。一般地，如果模块有清晰的功能定义、数据定义与接口定义，并且模块内部数据被密封于模块之内，则模块也就具有较好的独立性。

高质量程序模块应该有很好的独立性，这样的模块通常更加安全、稳定、可靠，也更加便于维护改造。模块独立性还可通过下面的内聚度与耦合度这两个技术指标进行度量。通常情况下，模块内聚度越高，模块之间的耦合度越低，则模块的独立性越好。

1. 内聚度

内聚度指的是模块内部元素的结合程度。模块的高内聚可带来模块较高的独立性。显然，模块的内聚度越高，则模块内部元素将结合得越紧密，模块的功能就越集中，其对外的依赖程度也就越低。

提高模块内聚度的一种非常有效的做法是，对模块给出清晰明确的功能定义。也就是说，如果某个模块有不够清晰的功能说明，则意味着有必要对这个模块作进一步的内聚度判断，看其是否出现了功能混杂，并确定是否有必要作进一步的功能抽象。

对于结构化函数模块，研究者总结出了几种典型的内聚形式，从低内聚到高内聚分别是：偶然内聚、逻辑内聚、时间内聚、过程内聚、通信内聚、顺序内聚和功能内聚。模块内聚度与独立性之间的关系如图 5.9 所示。

图 5.9　模块内聚度与模块独立性之间的相关性

下面是对这几种典型内聚形式的说明。

（1）偶然内聚。

偶然内聚是一种内聚度极低的模块内聚形式，大多由缺乏有效的程序模块定义或结构设计所引起。例如，编程人员可能将一些在程序中多次重复出现的语句块抽出，并创建为程序函数，然而这个程序函数却没有任何明确的功能特征可体现。

通常，基于偶然内聚建立的模块具有很明显的拼凑痕迹，容易出错并缺乏可维护性。当需要对程序做功能改造时，偶然内聚会使这项工作变得非常艰难。

（2）逻辑内聚。

当程序元素是基于功能相似而聚集时，由此形成的内聚即为逻辑内聚。

例如，图 5.10 所示的打印模块，其涉及多项打印功能的聚集，因此，可看成是逻辑内聚。

逻辑内聚只能带来较低的内聚度，其中的功能元素只有外部特征的相似性，而缺乏更加密切的内部关联。因此，从根本上看，逻辑内聚并不能给模块带来很好的内部构造。

图 5.10　逻辑内聚

（3）时间内聚。

当程序元素是基于时间因素而聚集时，由此形成的内聚即为时间内聚。

初始化模块是典型的时间内聚模块，由于各种初始化操作，如定义环境变量、初始环境变量、网络连接、数据源连接、打开数据文件等，都要求在程序启动时的最初时间段内被执行，因此，建立了专门的初始化模块，以使这些操作集中。

时间内聚也仅有较低的内聚度，原因是模块内的各种操作并没有实质上的功能关联。

（4）过程内聚。

过程内聚是指模块中的元素有基于执行路径的聚集。

早期程序一般使用程序流程图设计算法，并往往是在确定程序算法之后，根据程序流程路线（如循环块、分支块）划分出程序模块，由此定义的模块即体现为过程内聚。

过程内聚有一定的设计依据，并且模块中的元素有基于执行过程的实质关联。因此，过程内聚有比逻辑内聚、时间内聚更高的内聚度。

然而，过程内聚只能提供中低程度的功能内聚度。实际上，虽然过程内聚可基于程序执行路线使程序元素聚集，但却不足以使模块有清晰的功能边界，并有可能使一个完整的功能被分解为多个功能过程片段，以致模块之间必须依靠紧密耦合才能结合为一个整体。

（5）通信内聚。

通信内聚反映了模块中元素基于数据的聚集。如果模块中的诸多功能有共同的数据来源或去向，则这个模块可设计为通信内聚。

基于数据关系定义的模块大多是通信内聚模块。

例如，图 5.11 所示的工资核算模块，诸多功能都需要从工资数据库中获取数据，因此，体现为通信内聚。

通信内聚模块大多符合从分析到设计的创建步骤，一般不会造成对完整功能的分割。因此，通信内聚有比过程内聚更高的内聚度。

（6）顺序内聚。

顺序内聚反映了模块中诸多功能元素的基于任务的协作，并且是基于时间的功能有序聚集。显然，顺序内聚中功能元素基于时间的有序聚集，将会带来比通信内聚更高的内聚度。

通常，如果模块内的诸多功能元素都和某项特定任务密切相关，而且这些元素又有着基于任务的因果联系，则这些元素可被设计为顺序内聚。

比较典型的顺序内聚是，前一项功能的输出是后一项功能的输入。图 5.12 所示的入库统计模块就是这样的顺序内聚模块。

图 5.11　通信内聚　　　　　　　　　　　　图 5.12　顺序内聚

程序结构设计中，如果设计者是依据数据流图中对数据的加工过程划分模块，则由此获得的模块通常为顺序内聚模块。

（7）功能内聚。

如果程序模块只需要完成一项功能，则模块可表现出功能内聚。一些基本的程序函数，如用于实现数学计算的程序函数、用于计算字符串长度的程序函数、用于对数组元素排序的程序函数，它们只有一项功能，可看作是功能内聚。

功能内聚具有最高的功能内聚度，模块功能目标明确，功能边界清晰，可使模块获得最好的独立性。因此，设计者总是以功能内聚为程序结构设计中模块质量的追求目标。

2. 耦合度

耦合度指的是程序模块之间的互连程度。影响模块之间耦合强弱的因素是：模块通信方式的复杂程度、通信数据对模块内部执行流程的影响程度。

模块独立所要求的是：模块之间是低耦合，相互之间有较少的通信，有较弱的影响。

模块耦合的主要形式有：非直接耦合、数据耦合、控制耦合、公共耦合和内容耦合。其中，非直接耦合和数据耦合是弱耦合，控制耦合和公共耦合是中等程度的耦合，内容耦合则是强耦合。由于低耦合可带来模块较高的独立性，因此，设计中一般要求尽量采用非直接耦合或数据耦合，少用或限制使用控制耦合和公共耦合，避免使用内容耦合。

下面是对各种耦合形式的说明。

（1）非直接耦合。

如果两个程序模块之间没有直接关系，相互之间的联系仅限于受到共同的主程序模块的控制，则称这种耦合为非直接耦合。

显然，非直接耦合是非常弱的耦合，能够给程序模块带来很好的独立性，但系统中模块之间不可能都是非直接耦合。

（2）数据耦合。

一个程序模块访问另一个程序模块时，如果彼此之间只是通过接口参数实现通信，并且参数所传递的数据仅用于计算，而不会影响传入参数模块的内部程序执行流程，则称这种耦合为数据耦合。

数据耦合是一种比较松散的耦合，依靠这种类型的耦合，模块既有比较强的独立性，相互之间又能实现通信。因此，程序结构设计中提倡使用数据耦合。

（3）控制耦合。

一个程序模块访问另一个程序模块，彼此之间只是通过接口参数实现通信，但参数传递了如开关标志这样的控制信息，可影响传入参数的模块内的程序执行流程，则称这种耦合为控制耦合。

图 5.13 所示即为控制耦合。

图 5.13　模块之间的控制耦合

控制耦合比数据耦合要强，会使模块的独立性有所下降。例如，要对受控制模块进行变更维护，则变更将必然受到控制参数的限制。尽管如此，控制耦合仍经常使用，高层控制模块与下级受控模块之间主要为控制耦合。

（4）公共耦合。

公共耦合是一种通过访问公共数据环境而实现通信的模块耦合形式，一些可独立于程序模块而存在的数据，如全局变量、数据文件、数据库等，都可看作是公共数据环境。

显然，公共耦合中的公共数据环境是提供给所有模块的，因此，当模块之间的耦合是公共耦合时，那些原本可以依靠接口带来的对数据的限制也就没有了。正因如此，比较起依靠接口参数的耦合形式来，公共耦合会使模块的独立性下降。因此，实际应用中，只有当通过接口传递数据不方便时或模块之间需要共享数据时才会使用公共耦合。

需要注意的是，模块之间公共耦合的复杂程度将会随着耦合模块个数的增加而显著增大。因此，为了降低因公共耦合带来的复杂度，应用中往往会针对公共耦合设置一些专门的限制，如规定不允许使用公共耦合数据传递控制信息。

图 5.14 所示的（a）和（b）两种公共耦合也是因为加或不加规则的限制，有了不同的耦合度结果。

（a）比较松散的公共耦合　　　　　　　（b）比较紧密的公共耦合

图 5.14　模块之间的公共耦合

（a）图的特点是一个模块只往公共数据环境里写入数据，而另一个模块则只从公共数据环境中读出数据。这是一种加有限制的公共耦合，通常可带来比较松散的耦合。

（b）图的特点是两个模块都可以往公共数据环境里写入数据，又都可以从公共数据环境中读出数据。这是一种缺少限制的公共耦合，会使耦合紧密，可导致模块关系混乱。

公共耦合还可能带来以下方面的一些影响：

● 由于所有公共耦合模块都会与某一个公共数据环境有关联，因此，如果修改了公共数据环境中某个数据的结构，则这种看似局部的变动，可能会随公共耦合而影响到许多其他相关的模块。

● 公共耦合大多会使程序模块的可靠性与适应性下降，除非能采取有效措施控制各模块对公共数据的存取。

● 由于公共数据需要被许多模块使用，因此，不得不使用具有公共意义的数据名称。显然，这会使程序的可读性有所下降。

（5）内容耦合。

如果发生下列情形，则两个模块之间就可能发生内容耦合：

● 一个模块直接访问了另一个模块的内部数据。

● 一个模块通过不正常入口进入到了另一模块内部。

● 两个模块之间有一部分程序代码重叠。

● 一个模块有多个入口。

内容耦合是一种非常强的耦合形式，严重影响了模块的独立性。

当模块之间存在内容耦合时，模块的任何改动都将会变得非常困难，一旦程序有错则将很难修正。因此，设计程序结构时，也就要求不能出现内容耦合。所幸的是，大多数高级程序设计语言已经具有了对内容耦合较好的免疫力。但尽管如此，程序结构设计中，仍需要对可能出现的内容耦合有所防范。例如，面向对象技术中的友元类、友元函数，如果 A 类是 B 类的友元类，则意味着 A 类对 B 类的嵌入，A 类对象可直接访问 B 类对象的私有属性。因此，设计中应要求有限制地使用友元类、友元函数，以尽量避免出现内容耦合。

5.4.3　结构化程序结构

结构化程序以功能函数为模块单位。结构化程序结构即体现为基于功能函数的集成与控制。这种以功能函数为控制点的程序结构是自顶向下的。图 5.15 所示为某阅卷系统程序结构，其控制是从图中处于最高层位置的总控模块开始的。

图 5.15　某阅卷系统程序结构

总控模块进行顶层整体控制，然后通过调用下级模块实现对具体任务的逐级控制。显然，程序中的上级模块是程序任务的控制者，而且位置越往上，其对任务的控制特征越明显。程序的下级模块则是程序任务的具体承担者，而且位置越往下，其具体承担任务的角色特征也就越明显。

图 5.15 中的总控模块处于最高层位置，因此，其职责就是控制下级模块；而机器读答题卡、人工考卷输入、计算成绩、打印成绩单等模块，由于是处于最低层位置，因此，也就是承担最具体的数据加工任务。

5.4.4　面向对象程序结构

1. 类图

面向对象程序以类体为模块单位，并依靠类体构造对象实例。

可通过类图描述面向对象程序中诸多类体之间的逻辑关系。通常，软件分析中已经建立类图，但分析类图是对现实世界的直接映射，所建模型只是有关现实世界的概念模型。

面向对象程序结构设计需要解决的问题是，把来自现实的概念符号转化为可被计算机系统识别的逻辑符号。因此，设计中需要对分析类图做进一步的完善。

图 5.16 所示是一个有待进一步完善的设计类图，其中的会员、商品、订单、订单细目是实体类，分析阶段可能就已经从现实问题中提取，但图中的商品订购、商品订购窗等类体则是在进行程序系统设计时才被补充进类图中来的。其中的商品订购是一个控制类，涉及业务流程控制，用于商品订购活动中的会员、商品、订单等对象之间的任务调度。商品订购窗则是一个边界类，用于建立实体类对象到外部环境的联系，被用作顾客与系统之间的交互通道。

2. 构件图

构件是类体的物理集成。一些常用的程序构件有 EXE 可执行程序、DLL 动态链接库、ActiveX 控件。

程序构件可以基于一定的功能目标定义，并可按照这个目标进行类体分配，以使构件中诸多类体之间有功能行为上的相互支持。很显然，这样的构件是具有共同功能目标的类体的聚集，具有很高的内聚度。

概要设计中还需要说明构件之间的关系，以反映系统物理构架。构件图即可描述系统基于构件的物理构架。

图 5.16　商品订购设计类图

构件之间的关系一般为依赖关系。图 5.17 所示是一个"商品订购系统"的构件图，其构件有客户注册、客户管理、客户身份验证、商品信息检索、商品订购、财务管理、订单管理、数据访问、数据存储等，这些构件之间的关系即为依赖关系。

图 5.17　商品订购系统构件图

5.5　概要设计说明书

概要设计完成后必须提交概要设计说明书。有关软件系统的一系列概要设计结论应该写入概要设计说明书，并作为以后的程序系统详细设计、编码与测试的依据。

下面是概要设计说明书的参考格式。

1. **引言**

    1.1 编写目的（阐明编写本概要设计说明书的目的）

    1.2 项目背景（列出本项目的委托单位、开发单位和主管部门，说明该系统与其他系统的关系）

    1.3 定义（说明本文档中所用到的专门术语的定义和缩写词的原意）

    1.4 参考资料（说明报告中引用的资料，包括本项目经核准的计划任务书、合同或上级机关的批文，项目开发计划，需求规格说明书，需引用的论文、著作，需要采用的标准、规范）

2. **需求概述**

    2.1 功能要求（包括必须实现的功能、可以扩充的功能。可使用功能层次图描述）

    2.2 性能要求（说明系统必须具备的数据精度、时间特性、适应性等）

    2.3 运行环境（如硬件设备、操作系统、支撑软件、数据环境、网络环境）

    2.4 条件与限制（如软件平台限制、硬件设备限制、开发规范或标准的限制）

3. **系统设计目标**（设计思路、需要达到的设计目标）

4. **系统设计原则**（设计需要遵循的原则、规范）

5. **总体设计**

    5.1 处理流程（可使用系统流程图或活动图描述）

    5.2 总体结构设计（说明系统中的模块组成及其关系。可使用程序结构图或类关系图描述）

6. **接口设计**

    6.1 外部接口（如人机交互接口、软件接口、硬件接口）

    6.2 内部接口（如模块接口）

7. **数据结构设计**

    7.1 逻辑结构设计（说明数据的逻辑特征，涉及数据标识、定义，以及数据之间的逻辑关系）

    7.2 物理结构设计（说明数据的物理特征，涉及数据存储结构、访问方式、存取单位等）

    7.3 数据结构与程序的关系（说明数据与程序模块之间的关联）

8. **运行控制设计**

    8.1 运行模块的组合（说明系统运行时，模块之间的通信与组合关系）

    8.2 运行控制（说明系统运行时，模块之间的调用控制关系）

    8.3 运行时间（说明系统运行时，系统中的运行模块对时间的要求）

9. **出错处理设计**

    9.1 出错输出信息（列出各自可能的出错或故障，说明出错信息的输出形式、含义及处理方法）

    9.2 出错处理对策（如提供后备服务、性能降级、恢复及再启动等）

10. **安全性设计**

    10.1 操作权限控制（如身份验证、分级授权、操作范围控制等）

    10.2 特定功能的操作校验（如为了保证数据删除无误，先使用警告信息提示，经确认后才提交删除操作）

    10.3 文件与数据加密（说明如何对文件或数据进行加密处理）

    10.4 非法使用数据的记录和检查（如建立操作日志，对每一个操作点的操作内容进行全程自动记录。系统内保存半个月的操作日志记录以备查，并可采用光盘做长期备份）

11. **系统维护设计**（说明系统维护策略，如建立用于系统检查与维护的专用模块）

5.6 程序结构化流程控制

在概要设计确定程序体系结构以后，接下来还需要进行详细设计。程序算法设计是一项最重要的详细设计。当然，简单的程序问题或许无须太多算法考虑即可编程。然而，复杂的程序问题，或有特定性能指标限制的关键程序问题，必然需要进行专门的程序算法设计。

结构化流程控制是高清晰度的控制，可带来程序较高的可读性与可维护性。

那么，什么样的程序才是结构化流程控制呢？已有论证结论，如果程序中只有顺序、选择、循环这三种基本的控制结构（图 5.18），则程序流程就是结构化控制。

图 5.18 三种基本的控制结构

更进一步的论证结论是，程序如果能满足单入口、单出口的要求，则是结构化控制。以此为依据，不仅基本的顺序、选择、循环是结构化控制，其扩展结构，如 for 循环结构、case 分支结构，由于能满足单入口、单出口的要求，因此，也是结构化控制。

结构化控制是非常完备的控制，足以支持任何复杂问题的求解。

结构化控制还被看作是结构化方法在算法问题上的延伸。结构化方法的特点是自顶向下、逐步求精。对于程序算法，这个顶就是单元模块，而求精则是对单元模块功能的进一步分解细化，以触及更细小的功能元素，如程序语句。

显然，如果一个有特定功能的单元模块，能被进一步细化为一个有序的功能集，则程序也就更加易于理解，自然也就更加易于构造。

早期编程中广泛使用的 GOTO 语句则是非结构化控制的代表。

GOTO 语句的特点是可不受程序结构限制进行跳转。无疑，GOTO 语句有很好的操控性，并可带来较高的执行效率。然而，GOTO 语句有可能破坏结构，可使一个程序块有多个出入口，降低了程序的稳定性、可靠性与可维护性。

一般认为，现代程序系统更需要具备稳定性、可靠性与可维护性，要求其能更长久地平稳工作。因此，GOTO 语句被限制使用，甚至是禁用。

5.7　算法设计工具

复杂程序问题大多需要先使用与人接近的算法描述语言进行算法求解，然后再考虑这个程序问题的代码编写。

结构化控制还需要有合适的算法设计工具的支持。本节介绍的程序流程图、NS 图、PAD 图、PDL 语言即是与结构化控制相适应的算法设计工具。

5.7.1　程序流程图

程序流程图是最具历史特征的算法设计工具，并有非常广泛的用户群。

程序流程图的优点是可非常直观地反映程序的执行进程。然而，传统的程序流程图却是非结构化算法设计工具，并不太适宜表现结构化控制。

通常认为，传统流程图有以下几方面的结构化缺陷：

（1）不便于表现结构化控制嵌套。

（2）导向箭头具有太大的随意性，容易造成多个出入口。

（3）不方便对程序进行逐步求精。

因此，很有必要对传统的程序流程图按结构化控制要求加以改进。图 5.19 所示的流程图符号体系即是结构化的改进结果。

图 5.19　程序流程图基本符号

举例：使用程序流程图设计判断某个整数 x 是否为质数的算法，设计结果如图 5.20 所示。

5.7.2　NS 图

NS 图是非常典型的并非常适宜于表现结构化控制的算法设计工具，其特点是通过矩形盒表现程序构造，因此也叫作盒图。

NS 图的主要控制符如图 5.21 所示。

图 5.20　使用程序流程图设计程序算法

图 5.21　NS 图基本符号

图 5.22 所示是图 5.20 中程序算法的 NS 图表示。应该说，NS 图有很清晰的结构化控制表示，但 NS 图的灵活性不是很好，因此，不适合用于算法优化。

图 5.22 使用 NS 图设计程序算法

5.7.3 PAD 图

PAD 图也是结构化算法设计工具。图 5.23 所示是 PAD 图的基本控制符号。

图 5.23 PAD 图基本符号

PAD 图也有很好的结构化控制表示。其使用二维树表示程序，从上至下是程序进程方向，从左至右是程序的控制嵌套。

图 5.24 所示是图 5.20 中程序算法的 PAD 图表示。

图 5.24　使用 PAD 图设计程序算法

5.7.4　PDL 语言

PDL 语言是程序算法伪码，流程控制类似某种高级语言，可以是类 Pascal、类 C 或类 Java，但执行处理时，一般使用自然语言描述。

下面的内容是图 5.20 中程序算法的 PDL 语言表示。

```
PROCEDURE Verdict_Prime
    定义整型变量：x,n,i
    从键盘读入：x
给变量赋值：n = x^{1/2}
给变量赋值：i = 2

DO WHILE i <= n
    IF x 被 i 整除
    THEN
            中途结束循环
    ENDIF
    i = i + 1
```

```
        ENDDO

        IF i >= n + 1
        THEN
                输出：x 是质数
        ELSE
                输出：x 不是质数
        ENDIF
        END Verdict_Prime
```

5.8 程序算法复杂度评估

5.8.1 程序算法复杂度

一般地说，程序算法如果复杂，则不仅编程工作量大、容易出差错，而且运行效率也低。因此，我们有必要知道程序算法是否过于复杂了、是否因设计不合理导致了复杂、是否可以简化算法等。然而，如要很确切地回答这些问题，则首先必须使程序算法复杂程度得到量化评估。

程序算法复杂度是程序算法是否复杂的量化指标。通常，可以从时间和空间两个方面对程序算法进行复杂度评价。

时间复杂度可由算法执行所耗费的时间决定。然而，这个时间很难从理论上做精确计算。但实际上也确实无须对这个运行时间做精确计算，而只要比较哪个算法更加省时，就可以对哪个算法更加复杂作出判断。一种来自常识的评价依据是，算法中语句的执行次数越多，其花费的时间就越多，时间复杂度也就越高。

空间复杂度可由算法执行时所需要的存储空间决定。这个存储空间可做相对比较精确的理论计算。一般地说，如果程序中定义的数据元素（变量、常量）越少，采用的数据类型越简单，则空间复杂度也就越低。

5.8.2 McCabe 方法

McCabe 方法是一种广泛应用的程序算法复杂度评估方法，由 Thomas McCabe 提出。这是一种基于控制流的评估方法，通常依靠程序图进行程序算法复杂度评估。其中的程序图是只涉及控制路线而不涉及逻辑判断与数据处理的程序流程图。图 5.25 所示是程序流程图，如将该流程图中的处理符号归结为一个节点，则可获得图 5.26 所示的程序图。

可以看到，程序图中有多个有向环，McCabe 方法是依据程序的环形复杂度来评估程序算法复杂度的。实际上，程序的环形复杂度取决于程序控制流的复杂程度，当程序内的分支数或循环数增加时，其环形复杂度也随之增加。

需要说明的是，McCabe 方法要求程序图是强连通图，其特点是从图中的任意节点出发，可以沿有向弧到达图中任何其他节点。然而，来自流程图的程序图却不是强连通图，图中较低的节点（即较靠近结束点的节点）一般不能沿有向弧到达较高的节点。因此，我们还需要从结束点到开始点补画一条有向虚弧线，由此使程序图成为强连通图。

图 5.25 程序流程图

图 5.26 程序图

图 5.26 就从结束节点 m 到开始节点 a 之间补画了一条有向虚弧线，这样它就成为了强连通图。

程序图补画有向虚弧线而成为强连通图是可经逻辑论证的，其论据是：其一，从开始点总能到达图中任意一点；其二，从任意一点总能到达结束点；其三，经过从结束点到开始点补画的有向弧线，可以从结束点到达开始点。这些论据的推论则是，由图中任意一个节点出发，总是可以沿有向弧到达图中的任何一个其他节点。

McCabe 方法的评估定义是：程序算法复杂度等于强连通程序图中线性无关的有向环个数。对于一些有较复杂环路的强连通程序图，可依据图中的有向弧数、节点数编程计算有向环个数，其计算式为 $V = m - n + 1$，其中 V 是强连通程序图中的有向环数，m 是有向弧数，n 是节点数。例如，图 5.26 所示的强连通程序图，其有向弧数是 16，节点数是 13，因此，该程序图有向环数即该程序算法的复杂度是：$V = 16 - 13 + 1 = 4$。

程序算法复杂度可用来度量编程难度，估算编程工作量，或比较两个不同的算法设计的优劣。程序算法复杂度还可用来度量程序测试难度，或对程序可靠性给出某种预测。

无疑，我们希望程序有较低的复杂度，来自 McCabe 的建议是，一个单元模块的程序复杂度应该限制在 10 以内，如果模块内的程序复杂度超过了 10，则应该将模块分解，以方便程序的创建。

5.9 程序编码

在完成程序算法设计之后，接下来就需要进行程序编码了。一般地说，如果程序已有很好的算法设计，则编码并不是一件太难的工作。然而，高质量的程序代码却并不容易获得，并且一般与编程者的良好素质密切相关，如较好的语言理解力、良好的编程习惯。

5.9.1 编程语言

1. 低级语言

机器语言是最低级的程序语言，由二进制机器指令构成，能够直接被机器理解与执行。

实际上，自从有了计算机，也就有了机器语言。然而，机器语言很难被人理解，并且诸多低级操作，如地址分配、寄存器使用等，都需要程序员自己记录，因此，使用机器语言编程很容易出错。

汇编语言也是低级语言，由符号指令构成，而且每一个符号指令都可与某个机器指令对应，因此，可有非常接近于机器语言的执行效率。由于是符号指令集，汇编语言自然比机器语言易于理解。然而，汇编语言可理解性仍然很差，而且仍然很容易出错。

实际上，我们很少有理由去选择机器语言或汇编语言编写应用程序，这不仅在于机器语言、汇编语言难于把握，还在于不同型号的计算机设备会有不同的机器指令集合，以致由这些低级语言构造的应用程序会缺乏良好的可移植性。

2. 早期高级程序语言

为了使程序创建者能够从难于把握的汇编语言编程环境中解放出来，20 世纪 50 年代末期，诞生了高级程序语言，它们面向程序问题，并且执行过程与人的思维过程接近，因此便于理解、容易掌控。

FORTRAN 语言是最早出现的高级语言，诞生于 1958 年。FORTRAN 语言主要用于解决科学与工程计算，因此具有较强的计算能力，但数据构造能力比较欠缺，因此，不太适应商业方面的数据处理。

COBOL 语言诞生于 1959 年，它有极强的数据构造能力，因此有比 FORTRAN 语言更好的商用适应性。COBOL 还有很好的接近于英语的可读性，并且可移植性好，能够适应多种计算机设备。实际上，诸多优点的集中使 COBOL 在一个比较长的时期里成为了商用数据处理的标准编程语言。

BASIC 语言产生于 20 世纪 60 年代中期，它是一种解释型语言，早期主要用于编程教学。然而，20 世纪 70 年代经过进化的 Turbo BASIC 语言，则具有了类似 C 语言的结构化特征。20 世纪 80 年代以来，Microsoft 更是使 BASIC 具有了面向对象与可视开放的特征，因此 BASIC 改名为 Visual Basic，主要用于前端应用程序的快速开发。

3. 结构化程序语言

20 世纪 70 年代初期诞生的 Pascal 语言、C 语言，是结构化程序语言的代表，采用了结构化程序结构体系，可使程序基于功能单元构造，并具有很强的数据构造能力。

Borland 公司的 Turbo Pascal 是最具影响的 Pascal 语言，提供了集成开发环境，可支持鼠标操作，可进行多文件编辑，并有功能完备的调试工具与嵌入式汇编器。

C 语言则来自于开放的 UNIX 操作系统，具有接近于汇编语言的执行性能，而且功能强大、编码灵活，能够支持复杂的数据结构，还可通过指针对地址进行直接操控。

Borland 公司的 Turbo C 是比较流行的 C 语言集成开发环境，有功能完备的调试工具，更有内容丰富的函数库。

4. 面向对象程序语言

20 世纪 60 年代的 Smalltalk 语言是最早的面向对象程序语言，基于类体构造程序，并通过对象实现程序操控。

20 世纪 80 年代的 C++语言是最早具有实用价值的面向对象程序语言。通常，C++被看作是 C 语言的超集，原因是其保留有 C 语言的结构化编程特性，并有接近于 C 语言的执行效率。但是，C++引入了面向对象的全部语言特性，可基于类、对象构造程序。主流 C++开发环境有 Microsoft Visual C++、Borland C++。

20 世纪 90 年代由 Sun 公司推出的 Java 语言是最具影响的面向对象程序语言，其完全面向对象，并支持分布式执行、多线程处理。Java 基本结构接近于 C++，但并不同于 C++，主要差别是：不支持运算符重载、类的多继承，可进行内存空间自动垃圾收集，并且基于 Java 虚拟机解释运行，因此可跨操作平台工作。Java 执行效率不如 C++，但更具安全性、可靠性，具有更强的网络支持功能。

2000 年由 Microsoft 推出的 C#语言也是一种完全的面向对象程序语言，语言风格接近于 Java，但基于 Microsoft.NET 框架工作，并更多地保留有 C++的语言特性。

5. 第四代程序语言

第四代程序语言所代表的是一些面向问题的程序语言，例如，SQL 结构化数据查询语言。第四代程序语言有比一般高级语言更高的抽象力，因此，可不考虑程序执行流程，可不规定程序算法细节，而只需说明条件、目标，即可获取所需的结果。

一些常用的第四代程序语言有：

（1）数据查询器。大多与数据库系统集成，以方便用户对数据库中的数据进行较复杂的查询操作，如对多个数据表的检索、更新、删除处理。

（2）程序生成器。大多与专用系统自动生成工具集成，一般只需要按照规定格式输入需求条件，程序生成器即可生成出比较完整的第三代程序代码。

5.9.2　编程规范

通常，为了方便项目组成员的合作，程序源码除了要求能够运行外，还要求便于阅读、易于理解。显然，具有可读性的程序也将有利于程序今后的维护。

编程规范就是为提高程序可读性、可理解性而需要遵守的约定。一些常用的编码规范有程序注释、标识符命名、程序编排格式。

1. 程序注释

应该对程序进行有意义的注释。正确的注解将有助于对程序的理解。

通常，在每个模块开始处可进行概括性注解，如模块的功能、主要算法、接口特点、关键数据、变更记载等即可通过概括性注解说明。

在模块内部可按程序段进行功能性注解，如该程序段的功能特点、算法特点等可进行功能性注释说明。

2. 标识符命名

应该采用含义鲜明的标识符命名，以更好地反映其所代表的实体。显然，这对于帮助阅读者理解程序是很重要的。

如果使用缩写，那么缩写规则应该一致，并且应该给每个名字加注解。

当多个变量名在一个语句中说明时，应该按字母顺序排列这些变量。

3. 程序语句

应该采用统一的格式布局程序，以产生好的视觉效果。

可按照阶梯格式表现程序分层嵌套，以使程序结构清晰。

每个语句都应该简单而直接。不要为了节省代码编辑空间，而把多个语句写在同一行。尽量避免使用复杂的条件组合表达式。

可通过括号使逻辑表达式或算术表达式的运算次序清晰直观。

下面是一段 Java 程序源码。

```
//------------------------------------------------------------
//模块名：DateBean              完成日期：2003-3-26
//开发机构：ABC 软件公司      设计人：黎斌
//------------------------------------------------------------
//引用类库
import java.awt.*;
import java.util.Calendar;
import javax.swing.*;
//定义类
public class DateBean extends JLabel{
        //定义对象属性
        private Calendar c = Calendar.getInstance();
        private int m, d, y, e;
```

```
private String month, day, year, era, month_str;
private boolean useMonthString;
private Color fontColor;
private int style;
//定义类属性
public static final int MONTH_DAY_YEAR = 1;
public static final int YEAR_MONTH_DAY = 2;
public static final String[] allMonths = {"Jan", "Feb", "Mar", "Apr", "May", "Jun",
                                          "Jul", "Aug", "Sep", "Oct", "Nov", "Dec"};
public DateBean() {
        m = c.get(Calendar.MONTH) + 1;
        d = c.get(Calendar.DATE);
        y = c.get(Calendar.YEAR);
        e = c.get(Calendar.ERA);
        if(m <= 9)
                month = "0" + String.valueOf(m);
        else
                month = String.valueOf(m);
        if(d <=9)
                day = "0" + String.valueOf(d);
        else
                day = String.valueOf(d);
        year = String.valueOf(y);
        month_str = allMonths[m - 1];
}
//设置字体颜色
public void setFontColor(Color newFontColor) {
super.setForeground(newFontColor);
}
//获取字体颜色
public Color getFontColor() {
    return super.getForeground();
}
//设置字体型号
public void setFont(Font newFont) {
    super.setFont(newFont);
}
//获取字体型号
public Font getFont() {
    return super.getFont();
}

//设置背景颜色
public void setBackground(Color newBackground) {
    super.setBackground(newBackground);
```

```
        }
        //获取背景颜色
        public Color getBackground() {
            return super.getBackground();
        }
        //设置日期格式
        public void setStyle(int newStyle) {
            style = newStyle;
            switch(style){
                    case MONTH_DAY_YEAR:
                        if(useMonthString)
                            this.setText(month_str + " " + day + ", " + year);
                        else
                            this.setText(month + "/" + day + "/" + year);
                        break;
                    case YEAR_MONTH_DAY:
                        if(useMonthString)
                            this.setText(year + " " + month_str + " " + day);
                        else
                            this.setText(year + "/" + month + "/" + day);
                        break;
                default:
                        this.setText("invalid");
            }
        }
        //获取日期格式
        public int getStyle() {
            return style;
        }
    }
```

5.9.3 程序运行效率

上面我们讨论了程序的算法时间复杂度，它会影响程序的执行效率。然而，影响程序执行效率的却不仅仅是时间复杂度，也有其他因素，如数据类型、编译程序等也对程序的执行效率有所影响。因此，需要有较全面的编程策略，对此，可作以下几个方面的考虑：

（1）优化数学模型，以降低程序算法复杂度。

（2）简化程序中算术的和逻辑的表达式。

（3）研究嵌套循环，以确定是否有语句可以从内层移到外层。

（4）尽量使用执行时间短的算术运算，如整数运算。

（5）避免使用多维数组或复杂数表。

（6）避免混合使用不同的数据类型。

（7）采用具有良好优化特性的编译器，以生成高效的目标代码。

（8）通过缓冲读写来自外部设备的数据，以减少程序频繁访问外设的额外开销。

小　结

1. 设计任务与过程

概要设计也叫总体设计，需要确定软件系统的总体构造，涉及系统构架、程序结构、数据结构、安全防范、故障处理等诸多方面的设计，以对软件系统作出总的设计规划。

概要设计以需求规格定义为依据，首先要确定的是系统构架，然后以系统构架为基础，确定系统全局数据结构、程序结构，考虑系统安全防范和故障处理措施。

2. 系统构架

系统构架是软件系统的基础框架，需要考虑的问题有系统支持环境和系统体系结构。

系统支持环境是构建软件大厦的地基，涉及硬件环境、软件环境、网络环境。

系统体系结构则为软件系统总体结构。分层体系是其代表性的软件体系结构。

3. 数据结构

数据结构是指数据元素之间的逻辑关系。

程序设计中的数据结构一般是动态数据结构，以服务功能为设计目标。概要设计中，需要考虑的是影响诸多功能、跨越多个模块的全局性程序数据。

数据库设计中的数据结构一般是静态结构，以建立合理存储为设计目标，所涉及的元素有数据表、数据视图、数据索引。

4. 程序结构

概要设计需要抽象模块，并从功能、数据、接口等诸多方面定义模块。

结构化程序中的模块是程序函数。面向对象程序中的模块是类体。在基于组件的系统集成中，组件则被看作是模块。

高质量程序模块应该有很好的独立性，这样的模块通常更加安全、稳定、可靠，也更加便于维护改造。内聚度与耦合度这两个技术指标可用于判断模块是否有较好的独立性。

概要设计还需要确定模块之间的任务协作与控制，并设计一个合理的可控制的、可扩充的程序结构，以使诸多模块能够集成为一个整体。

结构化程序的控制是自顶向下的。总控模块对程序进行顶层整体控制，下级模块实现对具体任务的控制与操作。

面向对象程序由类图、构件图来说明结构。类图用于描述面向对象程序逻辑结构，构件图用于描述面向对象程序物理结构。

5. 程序结构化流程控制

程序结构化流程控制是高清晰度的控制。程序如果能满足单入口、单出口的要求，则是结构化控制。顺序、选择、循环等控制结构是结构化控制。

GOTO 语句是非结构化控制的代表，可使一个程序块有多个出入口，降低了程序的稳定性、可靠性与可维护性。

6. 程序算法设计工具

程序流程图、NS 图、PAD 图、PDL 语言是与结构化控制相适应的算法设计工具。

7. 算法复杂度评估

（1）算法复杂度。

算法复杂度是对程序算法是否复杂的量化说明。通常，可以从时间和空间两个方面对程序算法进行复杂度评价。

- 时间复杂度：由算法执行所耗费的时间决定。通常，算法中语句的执行次数越多，其花费的时间就越多，时间复杂度也就越高。
- 空间复杂度：由算法所需存储空间决定。通常，程序中定义的数据元素越少，采用的数据类型越简单，空间复杂度也就越低。

（2）McCabe 方法。

这是一种基于控制流的广泛应用的程序算法复杂度评估方法。其定义程序算法复杂度为强连通程序图中线性无关的有向环的个数，计算公式为 $V = m - n + 1$，其中 V 是强连通程序图中的环数，m 是有向弧数，n 是节点数。

8. 程序编码

编程语言可分为机器语言、汇编语言、传统高级语言、结构化语言、面向对象语言、第四代程序语言等。有必要根据问题性质选择合适的程序语言，以提高编程质量。

编程规范就是为提高程序可读性、可理解性而需要遵守的约定。一些常用的编程规范有程序注释、标识符命名、程序编排格式。

程序算法设计还必须考虑程序的运行效率，其由程序的算法复杂度、程序中数据的类型、程序编译的优化程度等诸多因素决定。

习　题

1. 软件系统构架涉及哪些因素？概要设计中为什么需要最先确定系统构架？
2. 软件分层体系结构有什么特点？其优势是什么？
3. 概要设计中要求对模块进行抽象，如功能抽象、数据抽象、接口抽象，其作用是什么？
4. 一般认为，模块抽象与信息隐蔽将有利于其独立性的提高，并由此可带来模块质量的提升。为什么会有这样的结论？
5. 模块内聚度指的是什么？模块之间的耦合度指的又是什么？模块独立与内聚度和耦合度有什么关系？
6. 过程内聚与顺序内聚有什么不同？为什么顺序内聚能够带来更高的内聚度？
7. 数据耦合与控制耦合有什么不同？为什么数据耦合能带来更低的耦合度？
8. 结构化程序控制的特点是什么？
9. 反映面向对象程序结构的类图、构件图的用途是什么？
10. 结构化流程控制有什么特点？为什么 GOTO 语句是非结构化的控制语句？
11. 图 5.27 所示为程序流程图，要求改用 NS 图、PAD 图、PDL 伪码进行算法描述。
12. 需要将 1000 以内能够被 7 整除的数查询出来，并计算出这些数的和。要求使用程序流程图、NS 图、PAD 图和 PDL 伪码进行算法描述。
13. 需要编写一个词频分析程序，用于对读入的文本做单词出现频率分析。请设计该程序算法，并使用 McCabe 方法分析其算法复杂度。

图 5.27 第 11 题的程序流程图

第6章 软件测试

软件是逻辑体，其错误具有很大的隐蔽性，难以发现。然而，软件错误需要尽早发现，因为如果其遗留到投入使用以后才暴露出来，则不仅改错代价很高，而且往往会造成严重后果。因此，软件在交付用户之前，需要有严格的全面测试，以尽力确保软件的质量。

本章要点

- 测试方法与过程
- 测试用例
- 面向对象测试
- 程序调试
- 测试工具

6.1 测试目的、计划与方法

6.1.1 测试目的

软件测试的根本目的在于发现软件错误。对此，G.Myers 有以下几点说明：

（1）软件测试过程是一个发现软件错误的过程。

（2）一个好的软件测试方案应该是有利于发现新的软件错误。

（3）一次有成效的软件测试应该是发现了新的软件错误。

然而，软件研发机构的商业利益或软件研制者的急于求成的心态，可能使得软件测试的根本目的被忽视，以至研发机构或研制者所期望的并不是发现错误，而是能以此证明软件中不存在错误，导致设计的测试方案并不利于暴露软件错误，甚至可能是在掩盖软件错误。显然，对软件错误的掩盖绝对无益于软件质量的提高。

实际上，人难免都有掩盖自身缺陷的心理倾向。正因为如此，软件测试往往要求由软件系统或程序创建者以外的其他人员承担。因此，大多数的软件项目中都设有专职测试员，以利于对程序进行独立的无干扰的专门测试。

6.1.2 测试计划

软件测试需要事先制订计划，如测试时间、测试任务、测试目标、责任人等需要通过测试计划提前确定下来。

软件一般需要进行以下方面的测试：程序单元测试、系统集成测试、用户确认测试。它们都需要有预先的计划安排。

通常情况下，需求分析时可制订用户确认测试计划，概要设计时可制订系统集成测试计划，详细设计时可制订程序单元测试计划。显然，这样的测试计划的制订是一个自顶向下的过程，与开发过程同步。然而，测试计划的实施则是自底向上的，首先需要实施的是程序单元测试，然后是系统集成测试，最后才是用户确认测试。

图 6.1 所示是对软件测试计划的制订与实施的图示说明。

图 6.1 软件测试计划的制订与实施

6.1.3 测试方法

1. 白盒测试

白盒测试是一种基本测试方法，以程序算法设计为测试依据，需要测试单元模块内的逻辑判断、执行过程，因此，也被叫作算法逻辑测试，主要用于程序单元测试。

白盒是指有待测试的程序模块是被一个高度透明的盒子装载，测试者能够很清楚地看到模块的内部细节，如图 6.2 所示。因此，白盒测试时测试者能够测试模块的内部细节，如局部数据、程序语句、执行路径、循环次数。

图 6.2 白盒测试中的模块

2. 黑盒测试

黑盒测试是另一种基本测试方法，以程序模块功能定义为测试依据，因此，也被叫作功能测试，主要用于系统确认测试、系统集成测试。

黑盒是指有待测试的程序模块是被一个不透明的黑盒子装载。因此，测试中并不需要考虑模块的内部细节，而只需要考虑模块接口处的输入数据与输出数据，如图 6.3 所示。

图 6.3　黑盒测试

黑盒测试涉及的内容有输入数据、预期输出数据、实际输出数据。

黑盒测试的依据是，比较模块实际输出数据是否与预期输出数据一致，由此判断模块是否符合设计要求。

6.2　测试任务

软件测试的任务有单元测试、集成测试、确认测试。

6.2.1　单元测试

1. 测试内容

单元测试是以基本单元模块为测试对象，如程序函数、程序过程，并以详细设计说明书和源程序清单为测试依据。需要测试的内容有模块接口、局部数据结构、执行路径、出错处理、条件边界等。

（1）模块接口测试。

主要测试项目：

- 调用所测模块时的输入参数与模块的形式参数在个数、属性、顺序上是否匹配。
- 所测模块调用下级模块时，它输入给下级模块的参数与下级模块中的形式参数在个数、属性、顺序上是否匹配。
- 是否修改了只作输入用的形式参数。
- 输出给标准函数的参数在个数、属性、顺序上是否正确。

当模块需要通过外部设备进行输入输出操作时，还需要测试以下项目：

- 文件属性是否正确。
- OPEN 语句与 CLOSE 语句是否正确。
- 规定的输入输出格式说明与输入输出语句是否匹配。
- 缓冲区容量与记录长度是否匹配。
- 在进行读/写操作之前是否打开了文件。
- 在结束文件处理时是否关闭了文件。
- 是否有输入输出检测。

（2）局部数据结构测试。

模块中的局部数据结构是最常见的错误来源，需要进行以下几个方面的测试：

- 不正确或不一致的数据类型说明。
- 使用了尚未赋值或尚未初始化的变量。
- 错误的初始值或错误的默认值。
- 变量名拼写或书写错误。
- 出现了数据类型冲突。

（3）执行路径测试。

需要对模块中重要的执行路径进行测试。

需要设计测试用例，以查找由于错误的计算、不正确的比较或不正常的控制流而导致的执行路径错误。

常见的不正确计算有：

- 运算的优先次序不正确。
- 变量的初始化不正确。
- 运算精度不够。
- 表达式的符号表示不正确。

常见的比较和控制流错误有：

- 出现了不同数据类型之间的相互比较。
- 不正确地使用了逻辑运算符。
- 因浮点数运算精度问题，两值不会相等，但需要进行相等比较。
- "差1"错，即不正确地多循环或少循环了一次。
- 错误的循环终止条件。

（4）出错处理测试。

程序设计需要有对出错故障的预见，并有合适的出错处理，以防范程序错误的发生。通常，程序中的出错处理部分应该进行以下几个方面的测试：

- 对所出现的错误的描述难以理解。
- 出错的描述不足以确定出错位置或原因。
- 显示的错误与实际的错误不符。
- 对错误的处理不正确。

（5）边界测试。

循环或条件判断中容易出现边界错误，常见的边界问题有：

- 循环操作中的最大循环次数。
- 循环或条件判断操作中的>、>=、<、<=等比较运算符。

2. 测试方法

单元测试一般以白盒测试为主，以黑盒测试为辅。通常，在源代码编制完成之后，接着就可以进行单元测试。值得注意的是，单元模块一般不是一个可独立运行的程序，因此，在进行单元测试时，需要考虑到被测单元模块与其他相关模块的联系，并需要建立一些辅助模块，用于模拟被测单元模块的外部环境。

单元测试中主要有以下两种辅助模块：

（1）驱动模块：扮演被测单元模块的上级模块，以实现对被测单元模块的调用。

（2）桩模块：扮演被测单元模块的下级模块，可供被测单元模块进行测试调用。一般地，桩模块应该足够简单，如仅显示一个提示，以表明自己已被调用。

单元测试时，测试模块将与驱动模块、桩模块进行集成，由此构成了一个"单元测试环境"，如图 6.4 所示。

图 6.4　单元测试环境

6.2.2　集成测试

诸多单元模块需要按照设计好的体系结构进行装配，由此集成出统一的系统。在此过程中需要进行集成测试，以便发现模块之间是否有连接错误。

通常，系统集成时需要进行以下几方面的测试：

● 在把各个单元模块连接起来的时侯，穿越模块接口的数据是否会丢失。

● 一个模块的功能是否会对另一个模块的功能产生不利的影响。

● 各个子功能组合起来，能否达到预期要求的协作功能。

● 全局数据结构是否能够很好地适应所有需要的模块。

● 单个模块的计算误差是否会累积放大，从而达到不能接受的程度。

系统集成测试还需要有好的策略支持。比较常用的集成策略有：非渐增集成测试、渐增集成测试。下面介绍这两种集成策略。

1. 非渐增集成测试

模块单元测试与系统集成测试可按步骤独立进行。例如，可先期完成诸多模块的单元测试，然后再一次性地进行组装与集成测试，这就是非渐增集成测试。

实际上，先期进行的各个模块的单元测试有一定的独立性，可以并行开展，因此，单元测试任务及进度也就便于安排与调整，人力与设备资源也可获得高效利用。

然而，分别独立完成的各模块单元测试需要更多的测试程序的支持，因此，将带来较大的测试工作量。

非渐增集成还一次性地把所有模块组合在一起，如果出现错误，则一般较难诊断定位。并且模块之间的协作是延后到集成时检测，因此不利于模块接口错误的尽早发现。

2. 渐增集成测试

模块单元测试与集成测试也可同步进行。例如，可让每个模块在系统体系结构中完成单元测试。因此，模块在完成单元测试的同时，也一同完成了集成测试，并组装到了系统体系结构中去，这就是渐增集成测试。

通常看来，渐增集成测试有以下几方面的优越性：

- 模块如果完成了单元测试，则也同时完成了集成测试，并成为了后续其他模块的测试环境。因此，只需要较少量的辅助模块支持。
- 模块之间的协作检测与单元测试一同进行，可较早地发现模块接口错误。
- 便于错误诊断与定位。如果发生错误，则大多与最新加入的被测模块有关。
- 有更高的测试强度。新增模块接受测试，则其他已测模块也将一同再次接受测试。

渐增集成测试的弱点是：

- 测试任务必须集中进行。
- 测试进度不便于调整。
- 需要更多的测试时间消耗。

当考虑以渐增方式进行系统集成时，还必须考虑是自顶向下渐增还是自底向上渐增。下面分别介绍这两种渐增测试方法。

（1）自顶向下渐增。

从主控制模块开始，沿着软件的控制层次向下移动，从而逐个地把各个模块集成到系统中来，这就是自顶向下渐增。

自顶向下渐增时，上级模块的测试总是始于下级模块之前，因此，被测单元模块不需要"驱动模块"，而只需要"桩模块"，如图 6.5 所示。

图 6.5　自顶向下渐增集成

自顶向下渐增时，还必须考虑是深度优先集成还是层次优先集成。如果是深度优先，则是按系统的某个控制通路进行组装，往往体现为一个比较完整的功能块。如果是层次优先，则是将同一个控制层上的模块按顺序进行组装。一般看来，深度优先有更多的合理性，可以使开发者更早地感受到一项完整功能的实现所带来的成功体验。

可以按照以下步骤进行自顶向下渐增：

1）对主控模块进行测试，并用"桩模块"代替直接受主控模块调用的模块。

2）根据选定的优先策略（深度优先或层次优先），每次用一个"待测模块"取代一个"桩模块"，并为这个新结合进来的"待测模块"准备新的"桩模块"。

3）对新加入的"待测模块"进行单元测试与集成测试。

4）重复2）、3）步骤，直到将所有模块集成进系统为止。

（2）自底向上渐增。

从软件体系结构最底层模块开始，逐个地由下至上进行组装，这就是自底向上渐增。

自底向上渐增时，下级模块的测试总是始于上级模块之前，因此，不需要"桩模块"，但需要"驱动模块"。

可以按照以下步骤进行自底向上渐增：

1）利用"驱动模块"对最底层模块进行测试。

2）用"待测模块"取代"驱动模块"，并为新的"待测模块"准备新的"驱动模块"。

3）对新加入的"待测模块"进行单元测试与集成测试。

4）重复2）、3）步骤，直到将所有模块集成进系统为止。

6.2.3　确认测试

在系统完成集成之后，接着需要进行确认测试。这是面向用户的测试，以确认用户需求是否得以实现。

1．测试内容

（1）软件有效性验证。

需求规格说明书描述了用户可见的软件属性，如功能属性、性能属性、数据属性、操作属性等。然而，经过分析、设计而构造出的软件系统是否已具有了这些属性呢？软件有效性验证需要对此作出回答。

需求规格说明书中有关产品的一系列直接与用户相关的说明，如功能、性能、数据，以及软件的可移植性、可兼容性、可维护性，都需要进行有效性验证。

可使用黑盒测试方法进行有效性验证，并需要为有效性验证编制测试计划。

软件有效性验证的结果是：

● 如果测试结果与需求规格说明书中规定的结果相符或一致，则表明有效性获得验证，可作为合格内容提交用户。

● 如果测试结果与需求规格说明书中规定的结果不相符或不一致，则表明有效性没能获得验证，因此是不合格的内容。需要提交一份问题报告给用户，以说明不合格的原因。

（2）软件配置复查。

软件配置复查的目的是保证软件配置内容齐全，各方面的质量都符合规定要求，并为方便今后查找进行了很好的分类编目，可使软件有很好的可维护性。

除了按合同规定的内容和要求由人工审查软件配置之外，还应该严格遵守用户手册和操作手册中规定的步骤操作系统，以发现文档资料的完整性和正确性。

必须仔细记录发现的问题，包括遗漏与错误，并进行有效的补充与修正。如果问题确实不能在交付之前解决，而且存在的问题并不影响用户的正常使用，则可与用户协商其他合适的解决方案，以求取得用户谅解。

2．测试方法

（1）Alpha 测试。

Alpha 测试是指在开发环境下由用户进行的测试。通常，承担测试的用户往往是第一个见到产品的用户，因此，来自他们的修改意见具有特别的价值。

Alpha 测试的目的是让用户就软件的功能、性能、操作，以及可使用性、可靠性和可支持性进行直截了当的评价。

Alpha 测试是受控制环境的测试，陪同测试的开发人员可坐在用户旁边，并详细记录下用户操作的情况及看法。

Alpha 测试可以从软件产品编码结束之时开始，或在模块测试完成之后开始，也可以是在确认测试过程中产品达到一定的稳定和可靠程度之后再开始。

为了使 Alpha 测试能够顺利进行，应该为 Alpha 测试准备好有关的操作手册，以供用户进行操作测试时使用。

（2）Beta 测试。

Beta 测试是用户在软件实际使用环境下独立进行的测试，开发者通常不在测试现场，并且不应该对测试进行任何控制。

Beta 测试要求在 Alpha 测试之后进行。只有当 Alpha 测试达到一定的可靠程度之后，才考虑进行 Beta 测试。

在 Beta 测试中，用户将自己记录遇到的问题，并在测试完成之后将问题记录以及意见报告给开发者，开发者则在综合用户的报告之后做出修改。

产品一旦通过 Beta 测试，即可交付用户使用。

6.3　测试用例

设计测试用例就是为测试准备测试数据。通常，不同的测试用例会带来不同的测试效果，也会有不同的测试成本。

测试用例设计的目标是取得高效的并最可能发现软件错误的测试数据。

白盒测试可采用逻辑覆盖设计测试用例，如语句覆盖、判定覆盖、条件覆盖、判定条件覆盖、条件组合覆盖和路径覆盖等。

黑盒测试可采用等价类划分、边界值分析、错误推测方法设计测试用例。

6.3.1　白盒测试用例设计

白盒测试用例设计主要采用的是逻辑覆盖。这是一种以程序内部逻辑结构为依据的用例设计方法，包括语句覆盖、判定覆盖、条件覆盖、判定条件覆盖、条件组合覆盖和路径覆盖等几种强度各不相同的逻辑覆盖形式。

1. 语句覆盖

语句覆盖的测试要求是：选择足够多的测试数据，以使被测程序中的每条语句都至少执行一次。

例如图 6.6 所示的程序流程图，其源程序如下：

```
void example（int a, int b, int x）
    {
        if (a >1) && (b == 0)
            x = x / a;
        if (a ==2) || (x >1)
            x = x +1;
            printf(a,b,x);
    }
```

如果为了使该程序中的每条语句都执行一次，以达到语句覆盖的目标，则需要准备以下测试数据：a=2，b=0，x=4，其执行路径是：1-2-3-4-5-6-7。

图 6.6　被测试模块的程序流程图

应该说，语句覆盖是一种弱覆盖标准，对程序的逻辑覆盖很少。在上面的例子中，两个判定条件都只测试了条件为真的情况，如果条件为假时有程序错误，则显然不能发现。

2. 判定覆盖

判定覆盖的测试要求是：不仅每条语句必须至少执行一次，而且每个判定的每一种可能的结果都应该至少执行一次。

对于图 6.6 中的程序，其要求是：(a >1) && (b == 0)　与　(a ==2) || (x >1)这两个判断表达式各出现"T""F"结果至少一次。

下面两组测试数据就可做到判定覆盖：

（1）a = 3，b = 0，x = 3（执行路径：1-2-3-4-6-7）（判断式：T，F）。

（2）a = 2，b = 1，x = 1（执行路径：1-2-4-5-6-7）（判断式：F，T）。

判定覆盖包含语句覆盖，并且考虑了判定表达式的"真""假"两种可能，因此，判定覆盖比语句覆盖强，但判定覆盖对程序逻辑的覆盖程度仍然不高。

3. 条件覆盖

条件覆盖的测试要求是：不仅每个语句至少执行一次，而且使判定表达式中的每个条件都取到各种可能的值至少一次。

对于图 6.6 中的程序，其要求是：(a >1)、(b == 0)、(a ==2)与(x >1)这四个条件表达式各出现"T""F"结果至少一次。

下面两组测试数据就可以达到条件覆盖标准：

（1）a=2，b=0，x=4（执行路径：1-2-3-4-5-6-7）（条件式：T，T，T，T）。

（2）a=1，b=1，x=1（执行路径：1-2-4-5-6-7）（条件式：F，F，F，F）。

条件覆盖通常比判定覆盖强，因为它考虑到了判定表达式中的每个条件，而判定覆盖则只关心整个判定表达式的结果。然而，条件覆盖却不一定包含判定覆盖。

4. 判定条件覆盖

判定条件覆盖的测试要求是：既满足判定覆盖，又满足条件覆盖。因此，每个判定表达式可取到各种可能的结果至少一次，而且判定表达式中的每个条件都能取到各种可能的值至少一次。

对于图 6.6 中的程序，其要求是：(a >1) && (b == 0)与(a ==2) || (x >1)这两个判断表达式各出现"T""F"结果至少一次，并且还要求(a >1)、(b == 0)、(a ==2)与(x >1)这四个条件表达式各出现"T""F"结果至少一次。

下述两组测试数据可以满足判定条件覆盖标准：

（1）a=2，b=0，x=4（执行路径：1-2-3-4-5-6-7）。

（2）a=1，b=1，x=1（执行路径：1-2-4-6-7）。

显然，判定条件覆盖比单一的判定覆盖或条件覆盖有更高的覆盖程度。

5. 条件组合覆盖

条件组合覆盖的测试要求是：每个判定表达式中诸多条件的各种可能组合都至少出现一次。

对于图 6.6 中的程序，有(a >1) && (b == 0)与(a ==2) || (x >1)这两个判断式，每个判断式又包含两个条件式，因此，可以产生八种可能的条件组合。

下面的四组测试数据可使这八种条件组合中的每一种至少出现一次：

（1）a=2，b=0，x=4（执行路径：1-2-3-4-5-6-7）（条件式：[T，T]，[T，T]）。

（2）a=2，b=1，x=1（执行路径 ：1-2-4-5-6-7）（条件式：[T，F]，[T，F]）。

（3）a=1，b=0，x=2（执行路径 1-2-4-5-6-7）（条件式：[F，T]，[F，T]）。

（4）a=1，b=1，x=1（执行路径　1-2-4-6-7）（条件式：[F，F]，[F，F]）。

条件组合覆盖是很强的逻辑覆盖。满足条件组合覆盖，也自然能满足判定覆盖、条件覆盖。但是，条件组合覆盖并不能使程序中的每条路径都被执行到，例如，上述四组测试数据都没有测试到路径：1-2-3-4-6-7。

6. 路径覆盖

路径覆盖也就是判定组合覆盖，其要求是：程序中每条可能的路径都至少执行一次。如果程序图中有环，则要求每个环都至少经过一次。

对于图 6.6 中的程序，下面四组测试数据可以满足路径覆盖的要求：

（1）a=1，b=1，x=1（执行路径：1-2-4-6-7）。

（2）a=1，b=1，x=2（执行路径：1-2-4-5-6-7）。

（3）a=3，b=0，x= 1（执行路径：1-2-3-4-6-7）。

（4）a=2，b=0，x=4（执行路径：1-2-3-4-5-6-7）。

路径覆盖也是一种很强的逻辑覆盖。但是，路径覆盖只能满足判定组合，而并不一定满足条件组合。因此，如果需要更强的逻辑覆盖，则需要把路径覆盖与条件组合覆盖结合起来，以产生更强的程序检错能力。

6.3.2 黑盒测试用例设计

1. 等价类划分

等价类划分是黑盒测试时经常采用的用例设计方法。

等价类划分的特点是把所有可能的输入数据（有效的和无效的）划分成若干个等价类，并作出如下假定：每个等价类中的一个典型值在测试中的作用与这一类中所有其他值的作用相同。因此，可以从每个等价类中只取一组数据作为测试数据。

在使用等价类划分设计测试用例时，首先需要划分输入数据的等价类。为此，需要研究程序的功能说明，从而确定输入数据的有效等价类和无效等价类。

在确定输入数据的等价类之后，接着还需要分析输出数据的等价类，并根据输出数据的等价类导出对应的输入数据的等价类。

例如，学生成绩的录入与输出。假如录入的是百分制成绩是 0~100 分；输出的是等级制成绩是优秀（85~100 分）、合格（60~84 分）、不合格（0~59 分），则根据等价类划分原则，可以考虑下面的用例设计方案。

根据录入数据，可以确定以下 3 个等价类：

（1）录入数据 < 0　　　　　　　　　　　　（无效类）

（2）录入数据 >= 0 AND 录入数据 <= 100　（有效类）

（3）录入数据 > 100　　　　　　　　　　　（无效类）

根据输出结果，还可以将录入数据的有效类继续细分为以下 3 个等价类：

（1）优秀：录入数据 >= 85　AND　录入数据 <=100　（有效类）

（2）合格：录入数据 >= 60　AND　录入数据 <85　（有效类）

（3）不合格：录入数据 >= 0　AND　录入数据 <60　（有效类）

因此，根据对录入数据与输出结果的综合考虑，可以从上述 5 个等价类中各取一个数据，构成一组测试用例，如：-20，20，80，90，120。

划分等价类往往需要经验，下面几条规则可能有助于正确划分等价类：

（1）如果规定了输入值的范围，则可划分出一个有效的等价类（输入值在此范围内）和两个无效的等价类（输入值小于最小值或大于最大值）。

（2）如果规定了输入数据的个数，则类似地也可以划分出一个有效的等价类和两个无效的等价类。

（3）如果规定了输入数据的一组值，而且程序对不同输入值做不同的处理，则每个允许的输入值是一个有效的等价类，此外还有一个无效的等价类（任一个不允许的输入值）。

（4）如果规定了输入数据必须遵循的规则，则可以划分出一个有效的等价类（符合规则）和若干个无效的等价类（从各种不同的角度违反规则）。

（5）如果规定了输入数据为整型，则可以划分出正整数、零和负整数这三个有效等价类。

（6）如果程序的处理对象是表格，则应该使用空表以及含一项或多项的表。

在划分出等价类以后，接着可以按以下步骤进行用例设计：

（1）设计一个新的测试用例，尽可能多地覆盖尚未被覆盖的有效等价类，重复这一步骤，直到所有的有效等价类都被覆盖为止。

（2）设计一个新的测试用例，使它覆盖一个而且只覆盖一个尚未被覆盖的无效等价类，重复这一步骤，直到所有的无效等价类都被覆盖为止。

2. 边界值分析

经验表明，程序在处理边界问题时最容易发生错误。例如，数组下标、分支条件判断、循环条件判断，这些地方很容易出现遗漏或错误。因此，需要在边界处设计专门的测试用例，以发现程序运行在边界附近时是否会发生错误。

例如，下面的学生等级成绩输出程序就是因为边界处的编码疏忽，而使 85 分不能输出等级。

```
if (grade > 85) && (grade <= 100) printf("优秀");
else if (grade >= 60) && (grade <85) printf("合格");
else if (grade >= 0) && (grade <60) printf("不合格");
else printf("无效");
```

使用边界分析设计测试用例，首先需要搞清楚有哪些边界，然后是在边界附近选取测试数据，可选取等于、稍小于和稍大于边界值的数据作为测试数据。

例如，学生成绩的录入与输出问题，可选取以下数据用作测试：(-1,0,1)，(59,60,61)，(84,85,86)，(99,100,101)。

3. 错误推测

程序通常有一些很容易出错的地方，有经验的测试人员往往能够根据以往的测试经验很直接地找出这些错误来。错误推测依靠的就是测试人员的测试经验与直觉。

例如，数据为零的时候有可能带来运行错误，空字符也可能带来运行错误，没有记录的空表也会带来运行错误。这些就是来自经验的错误推测。

程序中的错误有成堆聚集的特点。也就是说，如果某段程序中发现了错误，则意味着其内还可能有更多的错误，并且尚未发现的错误数与已发现的错误数成正比。这也是来自经验的总结，其根源与设计、编码时的工作疏忽有关。

6.4　面向对象程序测试

前面介绍的单元测试、集成测试、确认测试主要针对的是传统的结构化程序。然而，面向对象程序也有与此相类似的测试，只是测试内容及方法会略有不同。

6.4.1　面向对象单元测试

当考虑面向对象单元测试时，单元的概念已发生了改变。

"封装"导致了类和对象成为了最小的可测试单元。然而，一个类可以包含一组不同的操作，而一个特定的操作又可能被多个子类继承。因此，对于面向对象程序来说，单元测试的含义有了变化。

实际上，在进行面向对象程序单元测试时，已经不能孤立地测试单个操作，而应该把操作作为类的一部分来测试。

例如，在 A 类中定义了一个叫作 op() 的操作，假如 op() 被 A 类的多个子类继承，则每个子类都将涉及 op()。一般地，A 类的不同的子类中的 op() 被调用时，它所处理的是它自己的私有属性，而不同的子类有不同的属性集。因此，单元测试需要以类为单位，这也就是说，每个子类中的 op() 需要分别测试。

6.4.2　面向对象集成测试

传统的结构化程序由函数单元构造，并依靠函数调用实现分层控制。面向对象程序基于类体构造，然而类体之间是引用关系。面向对象程序已经没有了传统结构化的分层控制，因此，传统的自顶向下或自底向上的集成策略也就没有了意义。

此外，类体是一个不可撤分的整体，并且构成类体的诸多操作之间还往往存在着直接或间接的消息通信。因此，采用传统的渐增组装方式，一次集成一个操作到类体中也就不可能了。

一般情况下，面向对象程序集成测试可以采用以下两种策略：

（1）基于线程的测试：这是一种与对象时序建模密切相关的测试，其特点是把响应程序的一个输入或一个事件所需要的一组类体集成起来，然后以对象时序图为依据，分别测试每个线程，同时应用回归测试以保证没有产生副作用。

（2）基于使用的测试：其特点是首先测试几乎不使用其他类的那些类，称为独立类。在把独立类都测试完之后，接下来测试使用独立类的下一个层次的类，称为依赖类。对依赖类的测试一个层次一个层次地持续进行下去，直至构造出整个程序系统为止。

6.4.3　面向对象确认测试

与传统的确认测试一样，面向对象确认测试也是面向用户的，其主要测试内容是用户可见的动作和用户可识别的输出。因此，在进行面向对象确认测试时，已经不需要考虑类的内部构造以及类之间相互连接等诸多设计细节了。

在进行用户确认测试时，测试人员需要研究系统的用例模型和活动模型，并需要以此为依据设计出确认测试时的用户操作脚本。

6.5　程序调试

软件测试可发现程序错误。然而，在发现程序错误之后，还需要修正程序错误。发现错误并修正错误，这就是程序调试。

程序调试一般涉及以下两个任务：

● 诊断：确定程序错误的性质与位置。

● 排错：对出现错误的程序段进行修改，由此排除错误。

程序调试的上述两个任务中，诊断是关键。实际上，当程序中出现的错误的性质与位置被诊断出来以后，改错只是一件相对简单的工作。

6.5.1　诊断方法

1. 在程序中插入输出语句

在源程序的关键位置插入输出语句，由此获取关键变量的中间值。

这种方法能够对程序的执行情况进行一定的动态追踪，能够显示程序的动态行为，而且给出的信息可以与程序中的每条语句对应起来。

该方法的缺点是：

（1）可能会输出大量的需要分析的信息，对于大型系统来说，情况更是如此。

（2）必须修改源程序才能插入输出语句，这有可能改变一些关键的时间关系，从而可能掩盖错误。

2. 使用自动调式工具

使用自动调式工具进行程序调试是目前使用得最多的调试方法。

在一些集成开发环境中，自动调式工具往往和整个程序创建工作结合在了一起，因此，可以非常有效地提高程序调试的速度与质量。

自动调式工具一般具有对程序的动态调试功能，能够发现程序运行过程中出现的错误。自动调式工具主要的调试功能包括：逐行或逐过程地执行源程序、在源程序中设置中断点、在源程序中设置需要监控的变量或表达式等。

6.5.2 调试策略

调试策略即调试程序时可采取的方法、措施与对策。一些常用的调试策略有试探法、回溯法、对分查找法、归纳法、演绎法。

1. 试探法

调试人员分析错误征兆，猜测发生错误的大致位置，然后使用合适的诊断方法检测程序中被怀疑位置附近的信息，由此获得对程序错误的准确定位。

2. 回溯法

调试人员分析错误征兆，确定最先发现"症状"的位置，然后人工沿程序的控制流程往回追踪源程序，直到找出错误根源或确定故障范围为止。

对于代码行不是很多的程序块，回溯法是一种比较好的调试策略，往往能把故障范围缩小为程序中的一小段代码，然后仔细分析这段代码，由此即可确定故障的准确位置。然而，对于涉及很多模块的复杂程序，由于执行路线太过复杂，以至回溯变得困难起来。

3. 对分查找法

如果已经知道每个变量在程序内若干个关键点的正确值，则可以用赋值语句或输入语句在程序待测位置附近"注入"这些变量的正确值，然后检查程序的输出。如果输出结果是正确的，则故障在程序的前半部分；反之故障在程序的后半部分。

对于程序中有故障的那部分再重复使用这个方法，直到把故障范围缩小到容易诊断的程度为止。

4. 归纳法

这是一种从个别推断一般的错误定位方法，其特点是：以程序的错误征兆为线索，然后分析这些线索之间的关系，由此找出故障。

归纳法一般涉及以下 4 个步骤：

（1）收集数据。需要收集与程序运行有关的一切数据，并确认哪些是正确数据，哪些是错误数据。

（2）组织数据。分类整理数据，以方便发现规律。

（3）进行推断。分析数据关系、寻找数据规律，然后以此为依据推断故障原因。如果无法推断，则可以重新设计用例，或获取更多测试数据，然后再作推断。

（4）证明推断。推断不等于事实，不经证明就根据推断排除故障，可能只能改正部分错误。因此，需要对推断作合理性证明。证明推断的方法是，用它解释所有原始测试结果，如果能圆满地解释一切现象，则推断得到证实，否则推断不完备。

5. 演绎法

演绎法则从一般原理或前提出发，通过错误问题细化，由此推导原因。

使用演绎法寻找错误根源时，需要先列出所有看来可能成立的原因或假设，然后一个一个地排除掉不可能的原因，并证明剩下的原因确实是错误的根源。

演绎法一般涉及以下 4 个步骤：

（1）根据错误信息将所有可能的原因以假设形式列出。

（2）排除不能成立的假设。如果所有列出的假设都被排除了，则需要提出新的假设，如果余下的假设多于一个，则首先选取最有可能成为出错原因的那一个假设。

（3）利用已知线索使有价值的假设细节化、具体化。

（4）证明剩下的假设即是错误的根源，论证方法类似于归纳法的第 4 步。

6.6　测试工具

软件测试需要有工具支持，以减轻工作强度，提高工作效率，确保工作质量。

6.6.1　测试数据生成程序

测试数据生成程序用于自动生成测试用例。如果软件测试需要大量的测试数据，则这些测试数据最好通过程序生成。其一方面，能够快速生成测试数据，并因此加快测试进度；另一方面，这些自动生成的测试数据还更加客观，可使测试结果更具客观真实性。

6.6.2　动态分析程序

动态分析程序用于分析被测程序中某语句的动态执行情况，如执行次数、执行频率。

动态分析程序一般由以下两个部分组成：

（1）检测部分：用于向被分析程序中插入检测语句，当程序执行时，这些语句可收集被测语句的执行信息。

（2）显示部分：汇集检测语句提供的信息，并输出这些信息。

测试中也许某条语句没有被测试到，其可通过动态分析程序搜寻出来。

测试程序可能没有按照设计步骤执行，其也可通过动态分析程序发现。

6.6.3　静态分析程序

静态分析程序用于扫描被测试程序的正文，并从中发现程序错误。例如，程序使用了一个尚未赋值的变量、程序中的某个变量始终未被使用、程序函数的实际参数与形式参数的类型或个数不符、程序中有一个永远执行不到的程序段等,这些程序问题可通过静态分析程序发现。

小　结

1. 测试目的、计划与方法

软件测试的根本目的在于发现软件错误。软件测试需要事先制订计划，如测试时间、测试任务、测试目标、责任人等即需要通过测试计划提前确定下来。

有黑盒测试与白盒测试两种基本测试方法。黑盒测试以概要设计中的模块定义为测试内容，主要用于系统确认测试、系统集成测试。白盒测试以详细设计中的程序算法说明为测试内容，主要用于程序单元测试。

2. 测试任务

软件测试的任务有单元测试、集成测试、确认测试。

单元测试是以基本单元模块为测试对象。一般以白盒测试为主，以黑盒测试为辅。主要测试内容有模块接口、局部数据结构、执行路径、出错处理、条件边界等。

诸多单元模块可以按照设计好的体系结构进行装配，在此过程中需要集成测试，以发现模块之间是否有连接错误。

系统有非渐增集成测试与渐增集成测试两种集成策略。非渐增集成测试是一次性把所有模块组合在一起，渐增集成测试是将每个单元模块逐个地集成到系统中去。

在系统完成集成之后，接着需要进行确认测试，以确认用户需求是否得以实现。测试内容有软件有效性验证、软件配置复查。测试方法有 Alpha 测试、Beta 测试。

3. 测试用例

设计测试用例就是为测试准备测试数据。白盒测试用例为逻辑覆盖，主要有语句覆盖、判定覆盖、条件覆盖、判定条件覆盖、条件组合覆盖和路径覆盖等几种覆盖形式。黑盒测试用例有等价类划分、边界值分析、错误推测等几种设计方法。

4. 面向对象程序测试

面向对象程序测试涉及单元测试、集成测试、确认测试，但测试内容不同。在进行面向对象程序单元测试时，已经不能孤立地测试单个操作，而应该把操作作为类的一部分来测试。集成测试反映为基于线程的测试或基于使用的测试。确认测试则体现为用例驱动。

5. 程序调试

诊断发现错误并修正排除错误，这就是程序调试。其中，诊断是关键，如果错误的性质与位置被诊断出来，则改错只是一件相对简单的工作。

主要诊断方法有：①在程序中插入输出语句；②使用自动调式工具。

程序调试的策略有：试探法、回溯法、对分查找法、归纳法、演绎法。

6. 测试工具

● 测试数据生成程序：用于自动生成测试用例。

● 动态分析程序：用于分析被测程序中某语句的动态执行情况，如执行次数、执行频率。

● 静态分析程序：用于扫描被测试程序正文，并从中发现程序错误。

习　题

1. 简述单元测试的对象、内容及方法。
2. 什么是渐增集成？自顶向下渐增与自底向上渐增有什么不同？
3. 什么是确认测试？为什么要先进行 Alpha 测试，然后再进行 Beta 测试？
4. 面向对象单元测试有什么特点？
5. 试说明回溯法程序调试的特点。

6. 设计下面程序的几组白盒测试用例，分别要求语句覆盖、判定覆盖、条件覆盖。

```
viid grade ( int x )
{
    if (x > 100 || x < 0 ) printf("无效数据\n");
    else if (x >= 85 && x <= 100) printf ("优秀\n");
    if (x >= 60 && x < 85) printf("合格\n");
    else if (x >= 0 && x < 60 ) printf ("不合格\n");
}
```

7. 设计下面程序的几组白盒测试用例，分别要求语句覆盖、判定覆盖、条件覆盖。

```
Void Verdict_Prime()
{
    int x,n,i;
    scanf("%d",&x);
    n = sqrt(x);
    i = 2;
    while (i <= n)
    {
        if (x % i) break;
        i++;
    }
    if (i >= n + 1) printf("%d  是质数\n",x);
    else printf("%d  不是质数\n",x);
}
```

8. 需要对一个用户注册窗口进行黑盒测试。假如用户注册码规定为 4～8 位字符，试分别使用等价类划分、边界值分析设计该窗体程序的黑盒测试用例。

9. 方程：$ax^2 + bx + c=0$。求解程序的功能特征是：

（1）输入参数：a、b、c。

（2）如果该方程有实数根，输出其根值。

（3）如果该方程无实数根，输出"无实数解"提示。

试使用等价类划分方法设计该程序的黑盒测试用例。

第7章 软件维护与再工程

在软件系统成功研制出来并交用户使用以后，软件就进入到了运行维护阶段。显然，运行维护阶段的软件系统已经脱离了开发环境，然而，运行维护阶段仍会涉及开发问题，如修正软件运行错误、为软件增加新功能，并且诸多开发方法也都可以用到软件维护上来。实际上，软件的每一次维护，就如同是一次小规模的开发，必须进行问题分析，必须遵循技术规范，必须有过程支持。

本章要点

- 软件维护分类
- 软件可维护性
- 软件维护实施
- 软件再工程

7.1 软件维护分类

软件主要涉及四个方面的维护：改正性维护、完善性维护、适应性维护、预防性维护。

1. 改正性维护

由于诸多条件限制，软件难免会遗留一些错误到运行维护阶段，但这些隐藏下来的错误可能会在某种特定工作环境下暴露出来，由此影响软件的正常使用。

当软件出现错误时，软件研制者需要查找错误原因，并修正程序以消除这些软件错误，这就是改正性维护。

改正性维护主要发生在软件使用初期的磨合时段，但随着软件错误的逐步消除，改正性维护会随之减少。

2. 完善性维护

用户在使用软件过程中，不可避免地会提出新的软件要求，如要求改进现有功能、要求增加新的功能、要求提高执行效率、要求有更大规模的数据处理能力等。显然，如果要满足用户的这些要求，则必然需要改进软件。这就是完善性维护。

完善性维护大多发生在软件运行维护中期。通常，在进入软件正常使用期后，随着用户对软件认识的深入，会产生许多新的需求意愿，软件完善性维护也就随之发生。

3. 适应性维护

软件的工作环境有可能发生改变，实际上，软件所依赖的硬件设备、操作系统、数据环境、网络环境、业务环境都有可能发生改变。而为了使软件能在这种新的环境下继续工作，就需要对软件进行改造。这就是适应性维护。

适应性维护大多发生于软件运行维护后期，由于使用年代久远，软件已不能很好地适应新的工作环境，因此，需要进行适应性维护。

　　4．预防性维护

　　为了使软件具有更好的可维护性和可靠性，需要对研制的软件有事先的维护准备，如完善配置管理、设计可扩充的体系结构。这就是预防性维护。

　　预防性维护自软件开发起即已发生。实际上，在软件整个生存期内都将需要进行预防性维护。

7.2　软件可维护性

7.2.1　软件可维护性评估

　　软件可维护性反映了维护人员对软件系统进行修正改进的便利性。显然，软件应该具有较高的可维护性。

　　软件可维护性通常受以下因素的影响：

- 系统大小。软件系统越大，功能越多，构造越复杂，则这个系统越难以把握，因而系统维护难度越大。
- 系统文档。软件系统如缺乏文档说明，或文档说明与实际程序系统不一致，这样的局面必然加大软件系统的维护难度。
- 系统年龄。一些使用多年的老系统，随着逐年的变更改造，其结构可能变得零散混乱，以至于难以理清头绪，这样的系统显然难以维护。

　　软件研发机构在将研制的软件交用户使用之前，大多需要进行可维护性评估。

　　通过对软件系统的易理解性、可靠性、易修改性、易移植性的评价，可对软件系统的可维护性进行综合评估。

　　（1）易理解性：理解软件系统的功能、性能、体系结构、数据结构的便利程度。一般看来，如果软件系统有良好的规格定义，有较完整全面的设计说明，并且程序代码清晰，有较好的注释说明，则该系统将有较好的易理解性。

　　（2）可靠性：软件系统在一定时段内正确执行的概率，可通过软件某时段内的平均失效时间间隔进行可靠性度量。一般地，软件可靠性越高，则软件今后面临的维护问题也就越少，即便有问题发生，也更易于修复。

　　（3）易修改性：修改软件系统的便利程度，可通过系统遇到错误时的平均修复时间进行易修改性度量。一般地，如果软件系统易于理解，软件结构清晰，程序模块独立性强，程序系统扩充性好，程序运行有日志记录，则软件系统就具有了较好的易修改性。

　　（4）易移植性：将软件系统转移到新的计算环境下的成功概率。通常，如果用于实现软件系统的程序语言对底层环境的依赖度不高，并有较好的分层体系结构，则软件系统可具有较高的易移植性。

7.2.2　如何提高软件的可维护性？

1．完善软件配置管理

　　一个可维护的软件必然要有较清晰的开发线索，要求能对其开发过程进行追踪，这就依赖于良好的软件配置管理。例如，因需求遗漏而导致软件需要维护，则不仅是要补充完善需求，还必须基于新的需求修改软件结构、程序算法，因此需要进行过程追踪。

2. 改进软件文档说明

软件可维护的前提之一是可理解，这就依赖于良好的软件文档说明。一个便于理解的软件文档说明，首先是有较顺畅的文字说明，接着是有合理的便于阅读的文档结构，并且需要图文并茂，有较好的直观性。软件文档还包括程序代码，其应该按照结构化要求分层次编排，并加入适当的注释说明，以方便阅读。

3. 采用先进的软件开发工具

先进的软件开发工具不仅能改善开发环境、提高开发效率，还能提高软件今后的可维护性。例如，软件结构，如果软件工具能使开发者很直观地看到软件结构，则对软件结构的调整与完善就会更加轻松。

4. 设计有利于维护的软件结构

一个有良好可维护性的软件，还必然需要有良好的便于扩充、改造的软件结构。以面向对象程序为例，要求程序高层体系是建立于抽象类、接口的基础上，其原因就是抽象类、接口等能带来更好的结构扩充性。

7.3 软件维护实施

7.3.1 维护机构

软件维护是一项经常性的工作。自软件交付给用户使用，一直到软件生命终结，都会涉及软件维护的问题。开发小组通常承担了软件系统的初期维护。然而，开发小组还必须承担其他新产品的研制，因此，开发小组很难做到对软件系统的长期维护。正因为如此，当软件系统转入正常使用以后，其维护工作一般由专门的维护机构承担。

软件维护机构一般由以下人员组成。

● 维护负责人：全权负责维护任务，包括技术与管理两个方面的工作。
● 系统监督员：负责对维护申请进行技术性评价，以确保维护的有效性。
● 配置管理员：进行与软件维护有关的软件配置管理。
● 维护工程师：负责分析软件问题与修正软件错误。

上述维护人员可按照以下协作关系实施软件维护：

（1）维护机构负责人接收来自用户的维护申请报告。

（2）维护机构负责人委托系统监督员对维护申请报告做技术性评价。对此，系统监督员需要从维护的可行性与必要性对维护申请报告做出技术性评价。

（3）维护机构负责人将根据对维护申请报告的技术评价决定如何进行软件维护。

（4）维护机构负责人将维护决定通知相关技术人员，以实施软件维护。

（5）维护机构负责人将维护决定通知配置管理员，以提供维护所需的资源，并根据维护结果进行配置更新，确保软件产品的一致性。

图 7.1 所示是维护活动中相关人员之间的协作。

图 7.1　维护人员之间的协作

7.3.2　维护过程

1. 维护申请报告

维护活动需要依据维护申请报告启动。维护申请一般由软件用户提出。对于改正性维护，要求尽量完整地提供错误信息，如运行环境、输入数据、错误提示等。对于完善性或适应性维护，应该详细说明维护内容及理由。

维护机构对维护申请进行评审，并依据维护类型及问题的严重性制订软件维护计划，其主要内容是：维护工作量、维护类型、维护的优先顺序、可预见的维护结果。

2. 维护的实施步骤

软件维护的实施步骤如图 7.2 所示，对这些步骤的说明如下：

（1）确定维护类型。维护类型来自用户，但用户的看法有可能与维护人员的评价不一致。当出现意见不一致时，维护人员应该对维护问题做进一步的分析，与用户做进一步的协商，并以此为依据重新确定维护类型。

（2）对于改正性维护，需要先对错误的严重性进行评价。如果存在严重的错误，则必须立即安排维护人员进行紧急维护。而对于不太严重的错误，则可列入改错计划，并按照一定的优先顺序作出合适的维护安排。

（3）对于适应性维护和完善性维护，需要先确定每项申请的优先次序。如果是高优先级申请，则应尽快启动维护；否则可将维护申请列入软件开发计划，并按照一定的优先顺序作出合适的维护安排。

尽管维护申请的类型不同，但都要进行同样的技术性工作。主要的技术性工作有修改软件需求说明、修改软件设计、设计评审、对源程序做必要的修改、单元测试、集成测试（回归测试）、确认测试、软件配置评审等。

图 7.2 软件维护工作流程

在软件维护任务完成之后，应该对维护情况进行评审，以提供给开发机构有价值的反馈信息。主要评审内容有：

（1）设计、编码、测试中的哪些方面还可以改进？

（2）哪些维护资源应该有，但事实上却没有？

（3）维护工作中主要的或次要的障碍是什么？

（4）是否需要考虑预防性维护？

软件维护时还需要注意其副作用，在修正软件错误、完善软件功能的同时，也可能给软件带来新的问题，如使程序出现新的代码错误、使软件配置出现混乱。因此，一个经过维护的软件，还必须再经过用户验证并确认有效后才能进行配置存档与交付用户使用。

3. 维护记录

维护活动需要记录存档，主要的维护记录有：

● 程序名称。

● 所用编程语言。

● 源程序行数。

● 程序安装日期。

● 运行次数。

● 处理故障次数。

● 程序变更后的名称。

● 经维护而增减的源程序行数。

● 维护人时数。

- 程序变更日期。
- 维护人员姓名。
- 维护申请报告编号。
- 维护类型。
- 维护开始与结束时间。

4. 维护评价

维护活动还需要进行评价。一些经常使用的维护评价参数是：

- 程序运行时的平均出错次数。
- 花费在每类维护上的总的人时数。
- 每个程序、每种语言、每种维护类型的平均维护次数。
- 维护中增加或删除每条源程序语句所花费的平均人时数。
- 维护每种语言的平均人时数。
- 维护申请报告的平均处理周期。
- 各类维护申请的百分比。

上述量化评价参数可作为选择产品研制技术、制订产品维护计划、进行维护资源分配的依据，并可作为评定维护工作质量好坏的依据。

7.4　软件再工程

软件再工程是指对已存在的软件系统的重构与扩充。再工程主要用于一些老系统的改造上。通常，由于业务环境的改变，这些老系统已难以胜任，然而使用者又对它有很大的依赖性，并不能完全将其抛弃，因此，不得不通过再工程对其进行改造，使其重焕青春。

再工程所涉及的活动有逆向工程、重构工程、正向工程。

7.4.1　逆向工程

逆向工程是指对已建系统的反向识别，可从编译后的程序还原出源代码、程序结构、数据结构，其工程流程如图 7.3 所示。

一些老系统，由于开发时没能严格执行工程规则，以致设计文档缺失。无疑，这样的系统缺乏较好的可维护性，如果要进行再工程重建，则必须先通过逆向工程还原设计蓝图。

软件问题的求解依赖于模型抽象，逆向工程即用于对程序进行抽象模型还原。通常，可通过逆向工程获取以下抽象模型。

- 低层抽象模型：程序流程模型、数据结构模型。
- 中层抽象模型：数据流模型。
- 高层抽象模型：实体联系模型、类关系模型。

然而需要注意的是，随着抽象层级的增加，逆向工程的反向导出能力会有所减弱。因此，要从源程序反向导出程序流程模型、数据结构模型，或许是比较容易的事情，但要反向导出数据流模型、类关系模型，就比较困难了。

图 7.3　逆向工程流程

许多软件工具具有逆向工程能力，例如 Rational Rose、Microsoft Visio，它们即可进行 UML 模型逆向工程构建。

7.4.2　重构工程

重构工程一般是指在系统原有需求范围内，并在系统原有技术实现手段的前提下，对软件系统进行的内部改进。

通常，重构只涉及对系统的局部改造，而不会影响到系统的整体构架，其目的是使系统内部更加趋于合理。实际上，系统可能会因设计原因导致其内部程序流程、数据结构的不合理，而这些不合理因素会影响系统的扩充改造，使其功能很难向外延伸。显然，这样的系统必然需要进行重构，否则今后将无法进行再工程的功能扩充。

由于软件系统总是需要考虑程序控制与数据结构两个方面的问题，因此，对系统的重构也就自然会涉及代码和数据两个方面的重构。

- 代码重构：其目标是产生原有程序相同的功能，但却比原有程序有更高质量的程序代码，如更合逻辑的算法流程、更高的执行效率、更清晰的程序注释说明。
- 数据重构：其目标是产生更加清晰的并且更符合逻辑的数据结构，如数据表的标准化定义、数据命名规则的标准化约定。

7.4.3　正向工程

软件再工程中如果要使原有系统增加新的功能或使原有系统延伸到新的业务，则需要进行正向工程。

软件再工程中的正向工程的特殊之处是，它不是研发一个全新的软件系统，而是基于软件工程原则、过程、方法，重新构建某个现已存在的系统，由此使系统具有新的功能，以满足用户新的需求。因此，软件再工程的成败已不仅依赖于正向工程的顺利推进，还依赖于逆向工程对原系统分析模型、设计模型的有效还原，依赖于重构工程对原系统不合理因素的合理修正。

小　结

1. 软件维护分类

软件维护分为改正性维护、完善性维护、适应性维护、预防性维护 4 种。

2. 软件可维护性

软件可维护性是指维护人员对软件系统进行修正、改进的难易。影响软件可维护性的因素有系统大小、系统文档、系统年龄。可通过软件的易理解性、可靠性、易修改性、易移植性的评价而对软件系统进行可维护性综合评估。

3. 软件维护实施

开发组可承担软件初期维护，但当软件转入正常使用以后，其维护工作一般由专门的维护机构承担。软件维护机构人员的组成有维护负责人、系统监督员、配置管理员、维护工程师。其中，维护负责人全权负责维护任务，包括技术与管理两个方面的工作。

维护将由申请报告启动，其一般由软件用户提出。维护机构则对维护申请进行评审。维护活动需要记录存档，需要进行评价。

4. 软件再工程

软件再工程是指对已存在的软件系统的重构与扩充。

再工程主要用于一些老系统的改造，所涉及的活动有逆向工程、重构工程、正向工程。

习　　题

1. 某软件公司开发了一个计算机上机管理系统，学生可以使用上机卡刷卡上机，但用户使用中发现其安全性并不高，居然有学生可以不经刷卡而进入系统，由此达到无卡上机的目的。因此，用户要求软件公司对该系统进行维护。你认为这是一种什么类型的维护？应该按照什么流程进行维护？

2. 某软件公司开发了一个工资报表生成系统。交付使用后发现，随着工资数据的不断积累，报表生成速度越来越慢。因此，用户要求软件公司对系统进行维护。你认为这是一种什么类型的维护？应该按照什么流程进行维护？

3. 什么是软件的可维护性？如何提高软件的可维护性？

4. 试对软件维护实施过程进行说明。

5. 什么是软件再工程？什么样的软件系统需要进行再工程？

第8章 结构化工程方法

结构化工程方法是传统的软件工程方法，这是一种以功能为核心的工程方法。结构化方法包括结构化分析（SA）、结构化设计（SD）、结构化实现（SP）。结构化程序系统基于功能化程序模块构造，结构化软件设计需要定义这些模块，并设计模块接口，确定模块调用控制结构。需求分析中建立的软件功能分析模型，将成为结构化软件的程序结构的设计依据，面向数据流的程序结构映射即体现出了结构化程序系统由功能分析到功能设计的过渡。

- 数据、功能与行为建模
- 程序结构建模
- 基于数据流的程序结构映射
- 程序结构优化

8.1 结构化分析

结构化方法以功能为核心，体现在对软件问题的分析上，就是基于应用确定软件系统应该具有哪些功能，并以此为依据建立有关软件的功能分析模型，定义功能，细化功能。

实际上，软件系统前期分析中就已经涉及功能问题，如业务域、业务流等，就已经涉及业务级的功能块、功能步骤，但前期业务分析是面向用户的，通常只涉及需求规约，这是开发者与用户之间就软件问题达成的需求共识，一般只需要进行表层的用户需求说明。因此，软件分析者还需要对软件做更进一步的分析，获取到有关软件的详细的产品规格，以支撑软件需求的技术实现，支持软件研发由分析到设计的过渡。

建立分析模型是一种非常有效的分析手段，能够有效引导软件用户需求规约到软件产品技术规格的转化。可从以下几个方面看到分析建模的价值：

（1）可使软件问题分解，以达到对纷繁复杂问题的有效简化。

人类以往的认识经验表明，要解决问题，首先需要理解问题，并且对问题理解得越透彻，则这个问题就越容易解决。毫无疑问，模型可对问题简化，并对问题有非常直观的表述，能够使问题变得更加容易理解。实际上，分析模型已成为了软件分析者思考软件问题的工具。利用这种工具，分析者可以更加有效地揭示复杂软件问题的内在本质。

（2）可减少软件问题歧义。

软件歧义大多来自对于相同的文字说明，由于个人文化背景的不同，而有不同的理解。与概念化的文字语言相比，图形语言更少受到文化背景的干扰，因此，可使相同的描述在理解上获得更加一致的趋同。显然，这种认识上的文化背景的消除将使对软件问题的讨论变得更有成效。

（3）有利于软件分析到软件设计的过渡。

分析模型大多可映射为设计模型，如功能分析中的数据流模型即可映射为基于功能模块的软件结构模型，数据分析中的实体关系模型即可映射为数据库中的数据表及其关联模型。因此，建立分析模型有利于软件分析到软件设计的过渡。

结构化分析需要建立有关软件的功能分析模型。有多种建模手段可用来描述系统功能，如功能树、数据流图、状态图等，它们可分别从不同视角说明系统的功能特点，表达系统的功能需求。

8.2　功能层级图

功能层级图可用于表达系统功能层级结构，由此可使一个大而模糊的功能体被分解成许多小而明细的功能项。

通常情况下，软件系统可按照其功能成分被逐级地分解为诸多功能子项。功能层级图可用来组织这些功能子项。需要注意的是，功能层级图中的每一个功能子项都应该有专属于自己的较清晰的功能边界。因此，如果某两个功能子项有共同的功能成分，则意味着应该将这些共同的功能成分分离出来，单独表示为一个特定的功能子项。

图 8.1 所示的"产品计划与生产管理系统"功能层级图即依据上述规则组织功能，分层表现功能，其中的各功能项都有清晰的不重叠的功能边界。

图 8.1　"产品计划与生产管理系统"功能层级图

8.3　数据流图与功能建模

所谓软件功能，即软件对数据的加工。功能建模就是分解细化数据加工，搞清楚数据加工的内部细节。

数据流图（Data Flow Drawing, DFD）是最常用的结构化功能建模工具，由 DeMarco 于 1978 年推出，可以逐层地解剖数据加工过程，以反映系统数据加工的细节。

8.3.1 数据流图

数据流图有比较简洁的逻辑符号体系，可对系统提供非常直观的功能图解。可通过 Microsoft Visio 建立数据流图。

一些主要的数据流图符号见表 8.1 所示。

表 8.1 数据流图基本符号

图形符号	说明
▢	数据接口，系统的外部源头或终点，用来表示系统与外部环境的关系。可以将接口理解为系统的服务对象，如系统的操作人员、使用系统的机构或部门、系统之外的其他系统或设备等
▭	数据处理，表示将数据由一种形式转换成另一种形式的某种数据加工活动。数据处理框上必须有数据的流入与流出，流入处理框的数据经过处理被变换成了流出的数据。对数据的处理可以是程序处理、人工处理、设备处理等
⊏	数据存储，数据的静态形式，用来表示任何对数据的存储。例如，用于数据临时存储的内存变量，存储在磁盘或磁带上的数据文件、数据表、记录集，纸质数据文件等。数据存储可以是数据存储介质上某存储单元的全部数据内容，也可以是介质上某存储单元的部分存储片段
→	数据流，数据的动态形式，表示数据的流向。数据流必须与一个数据处理相连接，以表示数据处理在接收或发送数据的过程中给数据带来的变换。可以通过数据流将某个数据处理连接到其他的数据处理，或连接到数据存储、数据接口

数据流图要求建立于用户需求规约基础之上，以对系统功能进行模型抽象。显然，来自需求规约的功能、数据描述，用于反映系统业务的功能树图、业务流程图等都可作为数据流图的创建依据。

例如，图 8.2 所示的"自动阅卷系统"数据流图即来自图 4.8 自动阅卷系统工作流模型的逻辑符号转换。

图 8.2 "自动阅卷系统"数据流图

数据流图中的模型元素需要命名，图 8.2 中诸多模型元素即已命名。

数据流图模型元素的一般命名规则是：

（1）数据接口。使用名词或名词短语命名。例如"教务处""学生处"。

（2）数据存储。使用名词或名词短语命名。例如"成绩数据表""成绩备份文件"。

（3）数据流。使用名词或名词短语命名。例如"答题卡""答题数据""查询结果""分析结果"。但从数据存储中流出流入的数据流，在不发生名称混淆或内容误解的前提下可省略名称，如从"成绩数据表"中流出流入的数据流。

（4）数据处理。使用"动词+名词"的结构命名。例如"读答题卡""阅卷""打印成绩""查询成绩"。

8.3.2 数据流细化

所谓数据流细化，就是对软件系统的功能进行逻辑分解。这样的逻辑分解是从上至下逐层实现的，一个高层数据加工可被分解为多个低层数据加工，如图 8.3 所示。

图 8.3 数据流逐层细化

最高层的数据流图叫作顶层数据流图或第 0 层数据流图，向下细化分别有第 1 层数据流图、第 2 层数据流图。顶层数据流图被看作语境图，用于反映整个系统与外部环境之间的数据交互，而并不涉及系统内部数据的加工细节。然而，通过数据流细化逐层建立的第 1 层、第 2 层以及更下层的数据流图可不断深入到系统内部的数据加工细节。

数据流细化的一般步骤是：

（1）将上层数据流图中的数据处理按功能分解为下层数据流图中的多个数据处理。

（2）将上层数据流图中与需要分解的数据处理相关联的数据流，以及通过这些数据流所连接的其他图形元素引入到下层数据流图中，并将引入的数据流作为外部流连接到下层数据流图中所对应的数据处理上。

（3）在下层数据流图中显性表示内部数据流，以反映下层数据流图中诸多分解后的数据处理之间的数据转换。

（4）若细化后下层数据流需要转存或需要对数据做异步处理，则在下层数据流图中设置数据存储，以提供数据转存或数据异步处理说明。

8.3.3　功能建模

数据流的细化过程就是功能分解的过程，通过数据流细化可使一个模糊的功能体被合理分解为多个明晰的功能元素，由此而搞清楚软件系统内部的数据加工细节。然而，数据流细化却并不是分解功能的唯一途径。实际上，除了数据流图，还可以采用许多其他方法进行功能分解，例如，功能层级图就常常用于项目初期软件问题的功能分解。但功能层级图是立足于应用进行功能分解的，它是面向用户的，因此缺失逻辑严密性。

对于软件问题，可先通过功能层级图进行前期功能初步分解，然后再通过数据流图进行后期分析，判断其逻辑合理性，更精确地把握系统内部功能细节。以"产品计划与生产管理系统"为例，图 8.1 已经建立了它的功能层级模型，其可作为功能分解的初步结论，然后通过数据流图对这种功能分解的合理性做出验证。

下面的数据流图即以图 8.1 为依据，并考虑到数据处理的合理性逐层构建。

首先需要建立的是"产品计划与生产管理系统"顶层数据流图，其与图 8.1 中的顶层功能框"产品计划与生产管理系统"对应，用于反映系统与环境的数据交互，需要考虑有哪些外部应用接口。假如系统是归"市场部""生产部""材料部"所用，则它们就是外部应用接口。接下来还需要考虑这些外部接口与系统有哪些数据交互，其建立于对外部应用接口业务行为的确认上。例如市场部，它需要制订产品计划，需要获知产品生产进度，需要验收产品。因此，也就有与系统相关的数据交互。在搞清楚上述问题之后，即可建立起它的顶层数据流图，如图 8.4 所示。

图 8.4　"产品计划与生产管理系统"顶层数据流图

接着继续建立第 1 层数据流图。依据图 8.1 中的功能划分，第 1 层数据流图涉及"产品计划管理"和"生产流程管理"两个功能项。此外，考虑从计划管理到生产管理的过渡，还有必要设置"产品计划表",以提供计划存储。基于这些分析,可建立该系统的第 1 层数据流图,如图 8.5 所示。

图 8.5 "产品计划与生产管理系统"第 1 层数据流图

再接下来建立第 2 层数据流图。图 8.1 中的"生产流程管理"可进一步分解为"制订生产计划""制订材料计划""配置材料""监督生产进程"等功能项,以此为依据,可对"生产流程管理"进行第 2 层数据流细化,所建模型如图 8.6 所示。"产品计划管理"可进一步分解为"制订产品计划""验收产品",以此为业务依据,可对"产品计划管理"进行第 2 层数据流细化,所建模型如图 8.7 所示。

图 8.6 与"生产流程管理"对应的第 2 层数据流图

图 8.7　与"产品计划管理"对应的第 2 层数据流图

8.3.4　数据字典

软件分析中还需要建立数据字典，以使分析中涉及的诸多要素能有严密的、精确的、详尽的说明，使软件设计与软件实现能有更具完整的产品规格支持。

早期软件研发中的数据字典一般是手工方式创建与维护，这无疑是一件非常繁杂的工作，需要非同一般的细心与耐心才能完成这项任务。如今，软件工具已被用于数据字典的创建，这使得数据字典可自动生成与维护。

严格地说，分析模型中数据、功能、行为等诸多方面的元素都应该通过字典给出细节说明，以达到对系统完整全面的规格定义。

数据流图中需要说明的元素有数据项、数据流、数据存储、数据处理。

1. 数据构造

数据字典大多需要说明数据构造。对此，可以使用以下符号说明数据构造。

- =：定义，表示数据由……构造。
- +：和，连接数据分量。
- […|…]：或，表示可从若干数据分量中选择其中一个，各数据分量用"|"号隔开。
- m{…}n：重复，表示花括号内数据的重复，最少重复 m 次，最多重复 n 次。
- (…)：可选，表示非必要数据。

2. 数据项

数据项是构造数据的基本要素。数据流、数据存储等都是由诸多数据项组成，需要说明的内容有名称、规格、结构等。数据项规格定义见表 8.2。

表 8.2　数据项规格定义

名称	规格描述	结构
客户代码	客户内部标识，字符串编码，不能为空值	2{英文字符}2+4{数字字符}4
客户名称	客户外部标识，字符串编码，可以是中文，不能为空值	1{字符}10
客户级别	客户享受优惠的级别标识	[金卡|注册|非注册]
合同号	合同标识，字符串编码，不能为空值	2{英文字符}2+4{数字字符}4
订单序号	订单标识，字符串编码，要求自动生成	合同号+数字序号
产品代码	产品内部标识，字符串编码，不能为空值	2{英文字符}2+4{数字字符}4
产品名称	产品外部标识，字符串编码，可以是中文，不能为空值	1{字符}10

3. 数据流

数据流是系统工作时的动态数据，需要说明的内容有名称、别名、特征、来源、去向、构造、平均流量、高峰期流量等。表 8.3 所列是来自"产品制造业生产管理系统"数据流图中的数据流规格定义。

表 8.3 数据流规格定义

数据流名称	说明	来源	去向	构成
产品计划	由市场部依据产品市场需求制定	市场部	制订产品计划	产品计划号+{合同号}+产品代码+产品量+提交日期
产品验收	由市场部对已完成产品计划的验收输入	市场部	验收产品计划	验收标志+验收日期
待实施产品计划	有待进入生产流程的产品计划	执行产品计划	生产部	产品计划号+产品代码+产品量
生产进度计划	由生产部依据已进入生产流程的产品计划制订	生产部	编制与调整生产进度计划	生产计划号+{产品计划号+完成标志}
材料计划	由生产部依据已进入生产流程的产品计划制订	生产部	制订材料计划	材料计划号+{生产计划号+材料编号+材料量}
待实施材料计划	已传送给材料部的材料计划	配置材料	材料部	材料计划号+{材料编号+材料量+提交日期}
产品生产进度	获取产品计划执行进度	查询产品生产进度	市场部	已完成的产品计划

4. 数据存储

数据存储需要说明的内容有数据存储名称、说明、组成、提供、获取、最大存储量等。表 8.4 所列是来自"产品制造业生产管理系统"数据流图中的数据存储定义。

表 8.4 数据存储定义

数据存储	说明	提供	获取	组成
产品计划表	对来自市场部的产品计划提供存储支持	产品计划管理	执行产品计划	产品计划号+{合同号}+产品代码+产品量+提交日期+验收标志+验收日期
生产进度计划表	对来自生产部的生产进度计划提供存储支持	编制与调整生产进度计划	查询产品生产进度	生产计划号+{产品计划号+完成标志}
材料计划表	对来自生产部的材料需求计划提供存储支持	制订材料计划	配置材料	材料计划号+{生产计划号+材料编号+材料量+提交日期}

5. 数据处理

数据流中的数据处理也需要通过字典进行规格定义，并需要逐层说明，内容有数据处理名、作用、输入、输出等。表 8.5 所列是来自"产品制造业生产管理系统"数据流图中的数据处理定义。

表 8.5　数据处理定义

数据处理	数据处理子项	作用	输入	输出
产品计划管理	制订产品计划	按合同制订产品需求计划	产品计划	有效产品计划
	验收产品	按产品计划进行产品验收	产品验收	有效产品验收
生产控制管理	制订生产进度计划	按产品计划制订产品生产计划	生产进度计划	有效生产进度计划
	制订材料计划	按产品生产计划制订产品材料需求计划	材料计划	有效材料计划
	配置材料	按材料需求计划进行材料配置	材料计划表中的数据	待实施材料计划
	查询产品生产进度	从生产进度中获取产品计划完成信息	产品计划表中的数据	已完成产品计划

8.4　状态转换图与行为建模

系统行为是系统功能的外部表现，行为建模用于说明系统的外部表现，如系统与环境的交互、系统对外部事件的响应。

状态转换图（State Transition Drawing，STD）是一种常用的软件行为建模工具，其于 1987年由 Harel 推出，使用状态、事件等图形符号描述系统行为，其中的状态用于表示系统的某个行为模式，事件用于表示系统由一种状态到另一种状态的转换。表 8.6 所列为状态转换图中一些常用的图形符号。

表 8.6　状态转换图常用符号

符号	说明
●	初始状态，可表示系统工作时的起点
◉	最终状态，可表示系统工作时的终点
状态名称 / 活动1 活动2	状态，可表示系统工作时的某个中途行为模式。状态符号需要标记状态名称，并可列出状态中的诸多活动
复合状态名称 / 活动1 活动2	复合状态，可表示系统工作时的某个中途有待进一步分解的行为模式。复合状态符号需要标记状态名称，并可列出状态中的诸多活动
事件 [临界条件] / 动作1,动作2 →	事件，可表示一个状态到另一个状态的转换。事件符号中可标记事件名称、事件触发条件、事件发生时的动作等
◇	判断，表示因临界条件而带来的特定方向的状态转换

一些实时控制系统，如安全监控系统、生产线自动控制系统，即涉及与环境的交互，并且涉及与时间有关的控制，因此，需要行为模型进行功能说明。

图 8.8 所示为"住宅智能防盗系统"状态转换图，直观描述了"住宅智能防盗系统"对外部入侵事件的 4 级报警行为响应。

图 8.8 "住宅智能防盗系统"状态转换图

来自用户的需求规约也是对系统的行为约定，这些约定也可通过行为模型表达。

下面是一个全自动洗衣机的流程操控行为描述。

（1）在洗衣机接通电源以后，洗衣机将进入"待命"状态。

（2）在洗衣机"待命"状态，使用者可以通过设置按键使洗衣机进入"设置"状态，通过工作按键使洗衣机进入"工作"状态。

（3）在洗衣机"设置"状态，使用者可以设置洗衣水位，设置洗衣机工作流程，在完成设置之后，使用者可通过确认按键使洗衣机返回"待命"状态。

（4）在洗衣机"工作"状态，洗衣机将按照设定的工作流程运行。洗衣机有 3 种工作流程可以选择。流程 1 = 洗涤 + 漂洗 + 脱水，工作过程是：累积洗涤 10 分钟后进入漂洗状态；累积漂洗 6 分钟后进入脱水状态；累积脱水 1 分钟后进入结束鸣音状态。流程 2 = 漂洗 + 脱水，工作过程是：累积漂洗 6 分钟后进入脱水状态；累积脱水 1 分钟后进入结束鸣音状态。流程 3 = 脱水，工作过程是：累积脱水 1 分钟后进入结束鸣音状态。

（5）在洗衣机"工作"状态，使用者可通过"暂停"状态按键使洗衣机进入"暂停等待"状态。以后可通过"恢复"按键使洗衣机由"暂停等待"状态返回"工作"状态。

（6）若洗衣机在"工作"状态时遇到故障，则将进入"故障等待"状态，并鸣音报警。在故障排除后，洗衣机将由"故障等待"状态返回"工作"状态。

（7）在洗衣工作过程全部完成以后，洗衣机进入"结束等待"状态。

根据上述行为描述，可以建立该全自动洗衣机的行为模型，如图 8.9 所示。

图 8.9　全自动洗衣机的行为模型

　　图 8.9 中的"工作"是一个复合状态，还可以继续分解为多个子状态。根据前面该洗衣机"工作"状态的说明，可建立"工作"状态中的子行为模型，如图 8.10 所示。

图 8.10　洗衣机"工作"状态中的子行为模型

　　表 8.7 所列是对"全自动洗衣机流程控制程序"的行为规则定义。

表 8.7　"全自动洗衣机流程控制程序"行为规则定义

状态项	状态特征描述	进入状态时需触发事件	离开状态时可触发事件
待命	洗衣机通电后将出现的初始状态，显示已设置的洗衣流程与水位	接通电源	①按"设置"键 ②按"工作"键
设置	等待设置洗衣流程与洗衣水位	按"设置"键	按"确认"键
工作	洗衣机按设置流程洗衣	按"工作"键	①按"暂停"键 ②发生故障 ③结束工作

续表

状态项	状态特征描述	进入状态时需触发事件	离开状态时可触发事件
暂停等待	因使用者按"暂停"按键，洗衣机工作暂停，显示"暂停等待"	按"暂停"键	按"返回"键
故障等待	因洗衣故障，洗衣机工作暂停，鸣音、显示"故障等待"	发生故障	故障排除
结束等待	洗衣机已结束洗衣工作，鸣音、显示"结束等待"	结束工作	断开电源

8.5 结构化设计建模

可以通过图形语言设计程序结构模型。比较常用的结构化图形建模语言有程序结构图、HIPO 图等。

8.5.1 程序结构图

程序结构图是一种能很好地适应结构化程序自顶向下逐级控制的图形建模语言，由 Yourdon 于 20 世纪 70 年代初期提出。

程序结构图中的一些基本图形符号见表 8.8，表中的矩形框表示模块，框内需要标记模块的名称或主要功能。模块之间可使用带箭头的直线连接，以表示一个程序模块对另一个程序模块的调用。程序模块之间还涉及数据或控制信号的传输，可在调用线的旁边添加箭头，标记说明数据或控制信号传输。数据流用空心尾部表示，控制流用实心尾部表示。程序结构还可能涉及公共数据，可以使用两条水平线标记程序中的公共数据存储。

表 8.8 程序结构图中的基本图形符号

图形符号	说明
模块名	模块
↓	调用，从上级模块指向下级模块
○↓	传递或返回数据流
●↓	传递或返回控制流
数据存储名	数据存储

图 8.11 所示是某阅卷程序结构图，图中总控为顶层模块，用于启动程序，并实现对程序的顶级控制。考卷输入控制、评卷控制、成绩输出控制模块则为总控模块的下级模块，由总控模块调用，用于实现对程序的二级控制。

图 8.11　某阅卷程序结构图

程序结构图画法灵活，适合设计者构思程序结构。但程序结构图中的模块一般只写出名称，因此，模块的功能特征还需要有其他说明补充，通常是在程序结构图之后通过模块定义对每个模块功能作更详细的说明。

8.5.2　HIPO 图

程序结构图的不足是清晰度较低，尤其是当程序中有太多的数据流或控制流传送时，结构图会因通信关系的复杂而显得比较杂乱无序。

HIPO 图则可带来较高的建模清晰度，它是"H 图"与"IPO 图"的组合，其中的 H 图（Hierarchy——分层结构）用来表示程序基于模块的逐级调用关系；IPO 图则专门用来定义模块，描述模块：输入（Input）、处理（Process）、输出（Output）。

图 8.12 所示为阅卷程序的 H 图，它只说明程序基于模块的逐级调用，而不必说明调用时数据流、控制流等接口数据。显然，这种不带接口说明的单纯程序框架表现要比图 8.11 中的程序结构图有更高的建模清晰度。

图 8.13 所示为"计算成绩"模块的 IPO 图，其对计算成绩处理有更具细节的定义，包含模块名称、模块编号、输入数据、返回数据、处理方法等，其中的处理方法说明显然有利于由程序结构设计到程序算法设计的过渡。

H 图中的每一个模块都有必要通过 IPO 图进行细节定义，并可记录 H 图到 IPO 图的目录索引，以方便从 H 图到 IPO 图的检索。

HIPO 图有比程序结构图更高的建模清晰度，但 HIPO 图灵活性不好，通常更适合用于正式文档。

图 8.12　阅卷程序系统 H 图

系统名称：阅卷程序系统	模块名称：计算成绩	模块编号：2.1
输入数据：考卷数据		
返回数据：成绩		
处理步骤：		
1．按考题类型搜索得分点，并累计各类型考题得分数		
2．汇总各类型考题得分数累计 A 类题得分数		

图 8.13　"阅卷处理"模块的 IPO 图

8.5.3　框架伪码

程序结构还可表示为框架伪码，以方便由结构设计到算法设计的过渡。下面的框架伪码即来自图 8.11 某阅卷程序结构图。

```
/*公共数据环境*/
考卷记录集，考卷成绩记录集;
/*函数说明*/
总控();
考卷输入控制(OUT：考卷数据);
评卷控制(IN：考卷数据);
成绩输出控制();
机器读答题卡(OUT：考卷数据);          /*需要从"考卷记录集"读入"考卷号"*/
人工考卷输入(OUT：考卷数据);          /*需要从"考卷记录集"读入"考卷号"*/
异常考卷处理(IN：考卷号，异常码);      /*需要往"考卷记录集"写出"考卷号、异常说明"*/
计算成绩(IN：答题数据，OUT：成绩);
记录考卷成绩(IN：考卷成绩);          /*需要往"考卷成绩记录集"写出"考卷成绩"*/
打印成绩单();                      /*需要从"考卷成绩记录集"读入"考卷成绩"*/
输出成绩分析报告();                /*需要从"考卷成绩记录集"读入"考卷成绩"*/

/*函数体*/
总控()
{
    考卷输入控制(OUT：考卷数据);
```

```
        评卷控制(IN：考卷数据);
        成绩输出控制();


    }

    考卷输入控制(OUT：考卷数据)
    {
        机器读答题卡(OUT：考卷数据);
        人工考卷输入(OUT：考卷数据);
        异常考卷处理(IN：考卷号，异常码);
    }

    评卷控制(IN：考卷数据)
    {
        计算成绩(IN：考卷答题，OUT：成绩);
        记录考卷成绩(IN：考卷成绩);
    }

    成绩输出控制()
    {
        打印成绩单();
        输出成绩分析报告();
    }
```

8.6 基于数据流的程序结构映射

结构化方法以功能为核心，体现于软件分析中，是基于数据流的功能逻辑建模，可说明系统对数据的加工过程；体现于软件设计中，则是基于功能模块的程序结构建模，可说明系统由功能模块组成的程序框架。

基于数据流的程序结构映射体现了以功能为核心的结构化分析到结构化设计的过渡。数据流又分为变换流与事务流，它们可分别按不同的映射规则进行结构映射。

8.6.1 变换流映射

1. 变换流特点

变换数据流所体现出的是从数据输入到数据变换，再到数据输出的一般步骤。图 8.14 所示为变换数据流的 3 个过程。

（1）输入过程：变换流首先要经过输入过程。在此过程中，数据将由外部形态转换为适合于程序处理的内部形态。

（2）变换中心：来自输入过程的数据将继续流入变换中心。在此过程中，数据将获得基于功能目标的加工处理，由此而产生出新的数据结果。

（3）输出过程：由变换中心产生的计算结果将流向输出过程，并通过输出过程的处理将计算结果的内部形态转换为适合于导出的外部形态。

图 8.14　变换数据流

2. 高层框架映射

由于变换数据流过程被分成输入、变换、输出 3 个部分,因此,对变换数据流程序结构的映射也就可以是在总控模块之下设置对输入、变换、输出 3 个部分的数据流的控制。图 8.15 所示是基于变换流的程序高层框架映射。

图 8.15　基于变换流的程序高层框架映射

3. 下层模块挂接

在程序高层框架被确定下来以后,接着需要考虑的是那些涉及具体操作的下级模块。为此,可按输入、变换、输出 3 个部分分别进行挂接。

（1）输入部分。

该部分可按照接近变换中心到远离变换中心的路线搜索,所遇到的每一个数据处理可映射为一个程序模块,并在“输入控制”之下逐个地按顺序挂接。按照这种方法,图 8.14 中的输入部分依次是“检验”“录入”两个模块。

（2）变换部分。

可将变换部分的每一个数据处理映射为一个程序模块,并且都直接挂接到“变换控制”模块之下。按照这种方法,图 8.14 中的变换部分可映射为“计算 1”“计算 2”两个模块,并都直接受“变换控制”模块的调用。

（3）输出部分。

该部分可按照接近变换中心到远离变换中心的路线搜索,所遇到的每一个数据处理可映射为一个程序模块,并在“输入控制”之下逐个地按顺序挂接。按照这种方法,图 8.14 中的输出部分有两条输出路线，依次可分别挂接"格式化 1""输出 1"与"格式化 2""输出 2"。

根据以上映射说明可产生程序结构，如图 8.16 所示。

图 8.16　基于变换流的程序结构映射

8.6.2　事务流映射

1. 事务流特点

事务流的特点是：一个输入数据流可以带来多个输出数据流，并且有一个很明显的由输入到输出的数据流转换中心。

图 8.17 所示即为事务流，其中的数据流转换中心被叫作事务中心。

图 8.17　事务数据流

值得注意的是，输入事务流中通常含有控制标记，事务中心可根据输入事务流中不同的控制标记进行事务调度，并进入不同的事务流程。

2. 程序结构映射

依据事务流特点，可以将事务流划分为事务输入与事务处理两个部分。显然，程序框架必须考虑能对这两个部分实施有效的控制。

通常，在总控模块之下可建立事务接收与事务调度两个模块，它们分别用来控制事务输入与控制事务处理。

事务流下级执行模块的挂接与变换流输入输出中的下级模块挂接类似。

（1）事务接收部分可按照接近事务中心到远离变换中心的路线搜索，所遇到的每一个数据处理可映射为一个程序模块，并在"事务接收"之下逐个地按顺序挂接。

（2）事务调度部分也按照接近事务中心到远离变换中心的路线搜索，所遇到的每一个数据处理可映射为一个程序模块，并在"事务调度"之下逐个地按顺序挂接。

根据以上映射说明可产生程序结构，如图 8.18 所示。

图 8.18　基于事务流的程序结构映射

8.6.3　混合流映射

前面分别讨论了变换流与事务流。然而，许多实际软件问题中，可能既有变换流，又有事务流。

例如，图 8.19 中的数据流，其总体上是事务流，但它的每个事务流又可作为变换流对待，可进一步细分为输入、变换、输出 3 个部分。

图 8.19　事务流中含变换流

显然，对于图 8.19 中的数据流，其总体上可按事务流进行结构映射，但它的每个事务支路又可按变换流映射，由此映射出来的程序结构如图 8.20 所示。

图 8.21 中的数据流总体上是变换流，但输入部分可进一步细化为事务流，有顺序排队、按优先级插队、直接进入队首 3 种事务处理方式。

图 8.20　事务流中含变换流的程序结构映射

图 8.21　变换流中含事务流

对于这样的数据流，首先是从整体上按变换流映射上层框架，然后再根据各局部数据流特点分别按变换流或事务流映射下层结构，由此映射出来的程序结构如图 8.22 所示。

图 8.22　变换流中含事务流的程序结构映射

8.7　程序结构优化

程序结构可通过数据流映射，然而这只是一种基本框架。因此，在完成由分析到设计的程序结构映射过渡后，一般还需要对程序结构进行优化。

通常，可从模块独立性、模块接口复杂度、程序过程流畅性、程序构造简洁性等诸多方面对程序结构进行优化。

下面是一些来源于经验的启发性原则，可为程序结构优化提供指导性参考。

1. 模块功能完整

模块功能应该足够完整，否则模块之间会有过多的依赖，还会影响到模块的独立性。

对完整程序模块的基本要求是，其不仅能够完成正常指定的任务，而且有应对异常现象的措施，还能够将完成任务的状态通知使用者。

通常，可将程序模块分为正常处理与异常处理两个部分。

（1）正常处理的部分：执行正常功能，返回正常结束标志。

（2）异常处理的部分：捕获异常现象，执行异常处理，返回异常标志，并向调用者报告异常原因。

2. 模块大小适中

所谓模块大小，也就是模块所含源代码的多少。

模块不能太大，越大越复杂，越容易出问题。一些过于复杂的大模块，有必要分解为多个功能相对简单的小模块。但又不能过度分解，必须考虑到模块功能的完整性。如果一个较完整的功能被分解为由多个小模块来实现，则这些小模块之间必有非常紧密的耦合。

3. 模块功能可预测

概要设计中的程序模块通常是一个只需要看到输入输出的"黑箱"。对于这样的"黑箱"，如果有确定的输入，就会有确定的输出，则其功能可预测。

模块功能一般可预测。然而，有许多因素可引起功能不可预测，例如，在模块内定义有静态变量，这些内部静态变量对于上级模块是不可见的，但却会一直留存于内存，并影响到当前模块的下一次执行结果，以致某个确定的输入会有不可确定的输出。

模块设计应该尽量避免功能不可预测，但也难免存在功能不可预测因素，关键是要对不可预测因素给出特别说明，如内部静态变量，以使不可预测变成可预测。

4. 模块接口复杂度较低

模块接口用于实现模块之间的相互耦合。如果模块接口复杂，则不仅接口较难理解，并且会使模块之间有较高的耦合。因此，设计中应该考虑尽量降低模块接口的复杂度。

可以从以下几个方面考虑降低接口的复杂度。

（1）限制接口参数类型：尽量使用基本数据类型（如字符型、整数型、浮点型），而不是复合数据类型（如数组、结合体），这样的接口通常更加容易理解。

（2）限制接口参数作用：尽量不要使用接口参数控制模块执行流程。可能的设计缺陷是，模块功能混杂，并需要通过某个接口参数进行功能调控。显然，该模块有必要做进一步的分解，并由此去掉这个有副作用的接口参数。

5. 模块作用范围应该限制在其控制范围之内

模块控制范围是指模块自身以及它的直接或间接从属模块的集合，模块作用范围则指模块中的计算结果可能影响到的所有其他模块的集合。

通常，模块控制范围有较清晰的边界。例如，图 8.23 中的 B 模块，其直接及间接下级有 E、F、I、J 模块，但 J 模块还受 G 模块的调用，而并不完全从属于 B 模块，因此，B 模块的控制范围是：B、E、F、I 模块。

模块作用范围则不能直观反映，需要细心分析。例如，图 8.23 中的 B 模块，其可通过 x 参数影响 E、F 模块，并且还可以通过公共环境中的 y 变量影响到 C 模块。因此，B 模块的作用范围是 E、F、C。

显然，程序系统应该有可控制的结构。正因为如此，模块的作用范围要求限制在其控制范围之内，如果某个模块的作用范围超出了其控制范围，则意味着需要调整程序结构。例如，图 8.23 中的 B 模块，其作用范围已超出了它的控制范围，因此需要调整结构。

图 8.23　模块的作用范围与控制范围

通常，可以采取以下方法调整程序结构：

（1）将作用模块向上结合，使其控制范围扩大，以达到对被作用模块的有效控制。例如，可以将图 8.23 中的 B 模块结合进 A 模块，而达到对 C 模块及其下级模块的有效控制，如图 8.24 所示。

图 8.24　将 B 模块结合进 A 模块

（2）将被作用模块下移到作用模块控制范围之内。例如，可以将图 8.23 中的 C 模块下移到受 B 模块调用，由此使 C 模块及其下级模块受到 B 模块控制，如图 8.25 所示。

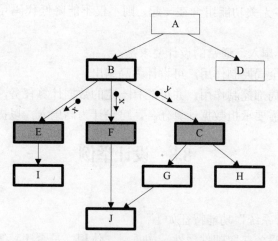

图 8.25　将 C 模块下移到受 B 模块控制

6. 程序结构的深度、宽度、扇出、扇入应适当

深度指的是程序结构的层数。例如，图 8.25 中的程序结构，其深度即为 5。

宽度指的是程序结构同一个层次上模块的总个数的最大值。例如，图 8.25 中的程序结构，其第二层宽度是 2，第三层宽度是 3，第四层宽度是 3，第五层宽度是 1，因此程序结构的宽度是 3。

程序结构上的深度、宽度可在一定程度上反映程序系统的规模及其复杂程度。通常，程序规模越大越复杂，其深度、宽度也会越大。

扇出指的是程序模块直接调用的下级模块的个数。模块的扇出数越大，表明该模块的控制范围越大，其控制机制也就越复杂。为了使模块的控制机制有一个比较适当的复杂度，其扇出数应该有一定的限制。通常情况下，扇出数应该限制在 9 以内，如果扇出过大，则应该适当增加中间层次的控制模块，将比较集中的控制分解开来，如图 8.26 所示。

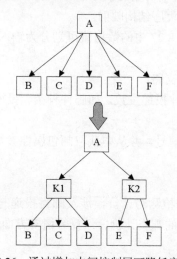

图 8.26　通过增加中间控制层可降低扇出数

扇入指的是模块的直接上级模块的个数。模块的扇入数越大，表明该模块的使用率越高。模块的高扇入有利于降低代码冗余，然而模块的高扇入应当建立于模块独立基础之上，如果仅为了高扇入而将诸多无关功能组合在一起，则不仅不能降低代码冗余，还会使模块独立性受到破坏。

对于模块的扇出、扇入，通常的设计要求是：

（1）顶层模块起全局控制作用，可设计为高扇出。

（2）中层模块起局部控制作用，并可能有一定的数据计算任务，可设计为低扇出。

（3）底层模块只需要承担数据计算任务，可设计为高扇入，以提高代码利用率。

8.8 设计举例

1. 软件问题

某"邮件检测计价系统"功能特征如下：

（1）可通过传感设备获取邮件属性，如重量、体积、是否违禁等，并可通过对邮件属性的参数检测发现是否有异常属性，若有异常属性，则显示异常原因及处理措施。

（2）可通过交互界面输入邮件投递参数，如邮寄地址、邮编、收件人、联系电话、邮寄方式等，并可通过对邮件投递参数的检测发现是否有异常投递参数，若有异常投递参数，则显示异常原因及处理措施。

（3）可根据邮件的属性参数与投递参数对每个邮件进行邮资计算，计算结果应该通过显示屏显示，并保存到邮寄投递记录集中用于结算、备查。

（4）可根据邮寄投递记录对客户的邮寄业务进行邮资结算，结算结果应该通过显示屏显示，并打印结算票据给客户，以作为邮件投递的凭据。

图8.27所示为"邮件检测计价系统"数据流分析建模，现要求以该数据流模型为依据设计程序结构，并进行程序结构优化。

2. 结构映射

图8.27中的数据流中没有发现明显的事务中心。通常，这样的数据流都宜作为变换流对待，并按照变换流映射规则进行程序结构映射。

为了便于程序结构映射，图8.27中的数据流可划分为输入、变换、输出3个区域。

（1）输入域。

该区域数据流涉及两个输入支路。

支路1：用于输入与检验邮件投递参数，如邮件种类、投递地区、邮递方式、邮资计价标准等参数。

支路2：用于接收邮包传感信号，并从中获取邮包属性参数，如邮包的重量、体积、封装状态、是否违禁等。

（2）变换域。

该区域工作任务是邮件投递检测与计价，涉及邮寄投递与属性参数的检测、邮件异常参数的判断与原因说明，以及邮件的邮资计价、结算等诸多方面的任务。

（3）输出域。

图 8.27　"邮件检测计价系统"数据流图

该区域数据流涉及以下 5 个输出支路：

- 显示异常投递处理提示。
- 显示异常属性处理提示。
- 显示单件邮资。
- 显示邮资结算结果。
- 打印邮资结算票据。

基于上述数据流分析，并按照变换流映射规则，可获得图 8.28 所示的程序结构。

其中，原数据流中的输入部分的两个支路被映射为两个执行路线，输出部分的 5 个输出被映射 4 个执行路线。

3. 结构优化

由数据流映射获取的程序结构还需要做进一步的优化。可按照启发性原则进行结构优化。具体优化措施如下：

（1）进行模块合并，由此减少模块数量、简化模块接口。通常，一些功能简单并且关系较密切的模块可考虑进行模块合并。例如，图 8.28 中的"写邮件记录"模块，由于只涉及较简单的数据操作，而且是计算邮件投递邮资后必须进行的操作，因此，可将"写邮件记录"模块与"计算单件邮资"模块合并。

图 8.28　通过数据流映射产生的"邮件检测计价系统"程序结构

（2）增加控制层，由此简化程序调用控制。例如，图 8.28 中的"变换控制"，其有太多的下级模块，控制任务相对比较复杂。因此，可在"变换控制"之下设置"邮件检测控制""邮件计价控制"模块，以实现对邮件检测与计价的专门控制。

可基于上述分析对程序做初步结构优化，优化的结构如图 8.29 所示。

图 8.29 "邮件检测计价系统"初步优化结构

　　图 8.29 所示的程序结构还可以做进一步优化。显然，在增加一层控制后，"变换控制"模块的作用已经不大，但却与"总控"模块有复杂的通信，并且"总控"模块控制任务比较简单。因此，可取消"变换控制"模块，并将经由"变换控制"的调用改为直接由"总控"调用。基于这些分析，可获得更进一步的结构优化，如图 8.30 所示。

　　4. 结构伪码

　　在设计出程序结构之后，为了方便今后的程序实现，有必要依据程序结构提取程序框架伪码。从图 8.30 所示的程序结构中即可提取到以下程序框架伪码。

图 8.30 "邮件检测计价系统"进一步的优化结构

/*公共数据环境*/
属性参数,投递参数,邮件投递记录集;

/*函数说明*/
输入控制(OUT：投递参数、属性参数);
输入邮件投递信息(OUT：投递参数);
获取邮件属性参数(OUT：属性参数);
接收邮件传感信号(OUT：传感数据);
邮件检测控制(IN：投递参数、属性参数，OUT：异常投递处理提示、异常属性处理提示);
检测投递参数(IN：投递参数，OUT：异常投递码);   /*需要向"投递参数"写数据*/
检测属性参数(IN：属性参数，OUT：异常属性码);   /*需要向"属性参数"写数据*/
获取异常投递处理提示(IN：异常投递码，OUT：异常投递处理提示);
获取异常属性处理提示(IN：异常属性码，OUT：异常属性处理提示);
邮件计价控制(OUT：单件邮资、结算结果);

计算单件邮资(OUT：单件邮资);　　　　　　/*需要从"投递参数""属性参数"读数据，需要向"邮件投递记录集"写记录*/

结算邮资(OUT：结算结果);　　　　　　　　/*需要从"邮件投递记录集"读记录，需要向"邮件投递记录集"写结算标记*/

输出控制(IN：异常投递处理提示、异常属性处理提示、单件邮资、结算结果);

显示异常投递处理提示(IN：异常投递处理提示);

显示异常属性处理提示(IN：异常属性处理提示);

显示单件邮资(IN：单件邮资);

显示结算结果(IN：结算结果);

打印结算票据(IN：结算结果);

/*函数体*/

总控()

{

　　　　输入控制(OUT：投递参数、属性参数);

　　　　邮件检测控制(IN：投递参数、属性参数，OUT：异常投递、异常属性);

　　　　邮件计价控制(OUT：单件邮资、结算结果);

　　　　输出控制(IN：异常投递处理、异常属性处理、单件邮资、结算结果);

}

输入控制(OUT：投递参数、属性参数)

{

　　　　输入邮件投递信息(OUT：投递参数);

　　　　获取邮件属性参数(OUT：属性参数);

}

获取邮件属性参数(OUT：属性参数)

{

　　　　接收邮件传感信号(OUT：传感数据);

}

邮件检测控制(IN：投递参数、属性参数，OUT：异常投递处理提示、异常属性处理提示)

{

　　　　检测投递参数(IN：投递参数，OUT：异常投递码);

　　　　检测属性参数(IN：属性参数，OUT：异常属性码);

　　　　获取异常投递处理提示(IN：异常投递码，OUT：异常投递处理提示);

　　　　获取异常属性处理提示(IN：异常属性码，OUT：异常属性处理提示);

}

邮件计价控制(OUT：单件邮资、结算结果)

{

　　　　计算单件邮资(OUT：单件邮资);

　　　　结算邮资(OUT：结算结果);

}

输出控制(IN：异常投递处理提示、异常属性处理提示、单件邮资、结算结果)

```
        {
            显示异常投递处理提示(IN：异常投递处理提示);
            显示异常属性处理提示(IN：异常属性处理提示);
            显示单件邮资(IN：单件邮资);
            显示结算结果(IN：结算结果);
        }

        显示结算结果(IN：结算结果);
        {
            打印结算票据(IN：结算结果);
        }
```

小　结

1．功能建模

功能建模是对系统数据加工的图解。数据流图是最常用的结构化功能建模工具，涉及数据接口、数据处理、数据流、数据存储等图形元素，用于描述系统数据加工细节。

数据流可以逐层细化，由此可逐步深入地解剖数据处理过程。数据流细化一般自顶层业务环境开始，然后到 1 层、2 层，由此而逐步深入到系统内部获取功能细节。

前期分析中的业务树可用于支持数据流功能细化，以方便对功能的逐层解剖。

2．行为建模

行为模型用于说明软件系统与环境的交互。

状态转换图是最常用的软件行为建模工具，涉及状态、事件等图形元素。

3．数据字典

数据字典用于定义软件元素，以使软件元素获得严密的、详细的、精确的规格说明。

早期软件开发中，数据字典需要使用手工方式创建与维护。目前软件开发中，数据字典可依靠 CASE 工具自动生成与维护。

需求分析模型中的数据、功能、行为等诸多方面的元素都有必要通过数据字典给予细致说明，以达到对系统较完整全面的规格定义。

4．结构化程序建模

常用的结构化图形建模语言是：程序结构图、HIPO 图。

程序结构图比较适合设计者构思程序结构，但模块功能特征较难由模型体现，因此，在模型之外还需要有对模块的详细说明。

HIPO 图则可带来较高的建模清晰度，其由"H 图"与"IPO 图"组合。H 图表示程序结构，IPO 图则定义模块，描述模块：输入、处理、输出。

程序结构还可表示为框架伪码，以方便由结构设计到算法设计的过渡。

5．程序结构映射

基于数据流的结构映射是以功能为目标的结构化建模方法的延伸，可达到由功能分析到功能设计的有效转换。

数据流可分为变换流与事务流，并可根据其特征分别按不同方法进行结构映射。

6. 程序结构优化

通过数据流映射只能获取程序的基本框架，一般还需要对程序结构进行结构优化。可从模块独立性、模块接口复杂度、程序过程流畅性、程序构造简洁性等诸多方面对程序结构进行优化。一些源于经验的启发性原则可为程序结构优化提供指导性参考。

习　题

1. 某库房管理系统的系统流程图如图 8.31 所示。

图 8.31　第 1 题的系统流程图

该系统涉及多部门的应用。其中，入库单将由采购部输入，出库单将由销售部输入，入出库分析报表由计划部打印，采购订单由采购部打印。请使用数据流图说明该系统数据处理流程。

2. 某培训机构入学管理系统有报名、交费、就读等多项功能，并有课程表（课程号，课程名，收费标准）、学员登记表（学员号，姓名，电话）、学员选课表（学员号，课程号，班级号）、账目表（学员号，收费金额）等诸多数据表。

下面是对其各项功能的说明。

（1）报名：由报名处负责，需要在学员登记表上进行报名登记，需要查询课程表让学员选报课程，学员所报课程将记录到学员选课表中。

（2）交费：由收费处负责，需要根据学员所报课程的收费标准进行收费，然后在账目表上记账，并打印收款收据给交费的学员。

（3）就读：由培训处负责，在验证学员收款收据后，根据学员所报课程给学员安排到合适的班级就读。

请根据上述描述使用数据流图分层说明该系统数据处理流程。

3．某银行储蓄系统有开户、密码设置、身份验证、存款、取款等功能。下面是对这些功能的说明。

（1）开户：客户可填写开立账户申请表，然后交由工作人员验证并输入系统。系统会建立账户记录，并会提示客户设置密码（若客户没做设置，则会有一个默认密码）。如果开户成功，系统会打印一本存折给客户。

（2）身份验证：系统可根据客户的账户、密码对客户身份进行验证。

（3）密码设置：在开户时客户即可设置密码。此后，客户在经过身份验证后还可以修改密码。

（4）存款：客户可填写存款单，然后交由工作人员验证并输入系统。系统将建立存款记录，并在存折上打印该笔存款记录。

（5）取款：客户可按存款记录逐笔取款，由客户填写取款单，然后交由工作人员验证并输入系统。系统首先会验证客户身份，如果客户身份验证通过，则系统将根据存款记录累计利息，然后注销该笔存款，并在存折上打印该笔存款的注销与利息累计。

请根据上述描述使用数据流图分层说明该系统数据处理流程。

4．某网上考试系统功能说明如下：

（1）登录系统。教师或参加考试的学生可凭借已有的统一身份登录网上考试系统。

（2）组卷。教师登录系统后可对所任教课程进行组卷，涉及的功能有选题、生成试卷、提交试卷。其中，选题时的待选试题来自公共题库，生成的试卷在提交后则保存到考卷库，以供考试之用。

（3）考试。考试的学生登录系统后可对所学课程进行考试，涉及的功能有选择课程、导入试卷、答卷、提交试卷。系统会根据学生所选课程从考卷库中导入试卷，学生完成的答卷可通过提交保存到答题库，以供评卷之用。

（4）评卷。教师登录系统后可对所任教的课程进行评卷，涉及的功能有导入答卷、评阅答卷、提交成绩。系统将从答题库中导入答卷，并通过评阅产生成绩，结果可通过提交保存到成绩库，以供成绩输出、查询。

请根据上述描述使用数据流图分层说明该系统数据处理流程。

5．某自动取款机系统工作过程大致如下：

（1）储蓄卡插入之前，自动取款机处于闲置状态。

（2）储蓄卡插入之后，自动取款机处于待命状态。

（3）在客户输入密码之后，系统将对客户身份进行验证。若密码正确，自动取款机将进入工作状态；若密码不正确，自动取款机将提示储户重新输入密码。

（4）在自动取款机进入工作状态以后，储户可选择"取款"或"退卡"。若选择"取款"，自动取款机将进入取款状态；若选择"退卡"，自动取款机将退出储蓄卡，然后进入闲置状态。

（5）在自动取款机进入取款状态以后，储户可以输入取款金额，然后可选择"确定"或

"取消"。若选择"确定"，自动取款机将进入付款状态，并在完成付款之后返回到工作状态；若选择"取消"，自动取款机返回到工作状态。请使用状态图描述该自动取款机的工作过程。

6．某自动阅卷系统数据流如图 8.32 所示，请以该数据流为依据设计程序结构。

图 8.32　第 6 题的系统数据流图

7．某培训机构入学管理系统数据流图已在习题 2 中创建。请以你所创建的数据流图为依据设计该系统程序结构。

8．某银行储蓄系统数据流图已在习题 5 中创建。请以你所创建的数据流图为依据设计该系统程序结构。

9．某网上考试系统数据流图已在习题 4 中创建。请以你所创建的数据流图为依据设计该系统程序结构。

第9章 面向对象工程方法

面向对象工程方法包括面向对象分析（OOA）、面向对象设计（OOD）、面向对象实现（OOP），并且能够贯穿分析、设计与编程实现。UML 建模语言很好地支持了这种工程方法的应用，可直观地反映面向对象技术要素，可使贯通的分析与设计一体化。

本章要点

- 用例与活动建模
- 类分析建模
- 系统结构设计
- 对象交互设计
- 系统装配与部署

9.1 建模方法

面向对象工程方法基于元素构造程序系统，通过类体元素进行现实抽象，通过对象元素实现程序仿真，实现程序系统的动态交互与协作。C++、Java 等面向对象程序语言为面向对象工程方法提供了实现途径，然而它还需要有从分析到设计全过程的工程方法的支持，并需要有合适的面向对象工程建模方法的支持。只有这样，面向对象工程技术才能获得有成效的应用。因此，有许多研究者在不断研究面向对象工程建模方法。

下面是一些有代表性的面向对象建模方法研究。

（1）1990 年，针对面向对象分析过程，Coad 提出了具有操作性的指导性原则，并将软件分析分解为以下有序的基本任务：

- 标识类体。
- 标识类关系。
- 定义数据属性。
- 定义操作服务。
- 标识子系统。

（2）1990 年，针对软件开发全过程，Wirfs-Brock 提出了有细节的操作规则说明，一些主要的操作规则是：

- 使用文法分析从需求规约中抽取候选类。
- 通过系统与环境的区分确定系统中的类。
- 对类分组并抽取高层超类。
- 定义类的属性、操作及其相关责任。
- 基于类的责任标识出类之间的关联关系。

- 基于类分组标识出类之间的继承关系。
- 基于类之间的关联构造出对象之间的协作关系。

（3）1991 年，Rumbaugh 提出了可应用于分析设计的对象模型技术（Object Modeling Technique，OMT），其主要包含以下 3 个方面的模型。

- 对象模型：说明类、对象及其关系。
- 动态模型：说明对象行为，对象之间的协作、交互。
- 功能模型：说明系统与外部环境之间的交互与通信。

（4）1992 年，Jacobson 提出了一种基于业务驱动的面向对象软件工程（Object-Oriented Software Engineering，OOSE），要求通过用例图（Use Case Diagram）说明系统与环境的交互，以对系统业务进行建模说明。还认为，软件开发可从用例起步，并可通过用例推动软件开发进程。

（5）1994 年，Booch 提出了能适应面向对象分析与设计的开发过程，并定义了一组与面向对象技术相适应的任务元。这些任务元应该在开发过程的各个步骤中反复出现，以使软件问题能够逐步求证，软件模型能够逐步完善。

9.2 UML 建模语言

诸多面向对象建模方法被应用于软件研发项目。然而，来自不同研究者的新概念新方法，由于缺乏统一规范，却给软件研发实践者带来了行动上的不便。因此，自 1995 年起，Grady Booch、James Rumbaugh 和 Ivar Jacobson 三位对象建模方法学的开创者开始了对诸多对象建模方法与技术的整合，统一建模语言（Unified Modeling Language，UML）由此诞生了。

UML 建立起了统一的语法规则、语义规则与语用规则。

- 语法规则：规定有哪些建模符号，并规定这些符号可以如何组合成图形。
- 语义规则：对建模符号以及由符号组合成的图形的文字解释。
- 语用规则：规定建模符号以及由符号组合的图形的建模用途。也就是说，可以使用这些符号或组合图形建立哪些方面的模型。
- 1997 年，国际对象管理组织（Object Management Group，OMG）接受 UML 为标准建模语言，随后 UML 得到了更进一步的发展与完善，并且在整个信息技术领域获得了非常广泛的应用。

UML 可有效地减轻软件分析师、设计师的再学习负担，足以应对各种不同领域的软件分析设计建模。UML 还可有效地避免语言歧义。实际上，因为有了统一的标准，软件开发者之间的经验交流、问题讨论也变得便利起来。

UML 融各种建模方法于一体，能够从各个不同的角度对软件进行建模描述，所涉及的模型有用例图、活动图、类图、状态图、顺序图、协作图、组件图、部署图。

- 用例图（Use Case Diagram）：描述系统与环境之间的交互。
- 活动图（Activity Diagram）：描述系统活动与活动之间的迁移。
- 类图（Class Diagram）：描述系统基于类、接口的静态逻辑构造。
- 状态图（Statechart Diagram）：描述对象状态及其状态之间基于事件的转变。
- 顺序图（Sequence Diagram）：描述对象之间基于时间顺序的消息发送与返回。
- 协作图（Collaboration Diagram）：类似顺序图，描述对象之间消息的发送与返回。

- 组件图（Component Diagram）：描述系统基于组件、程序包的静态物理构造。
- 部署图（Deployment Diagram）：描述系统基于机器节点的物理分布架构。

1. 建模过程

UML 是一种可很好地适应面向对象技术的建模方法，不仅可以直观地反映面向对象的技术要素，而且可有效地贯通分析与设计，使整个开发过程一体化。

Grady Booch、James Rumbaugh 和 Ivar Jacobson 专门研究了基于 UML 的有关软件的统一开发过程（Unified Development Process，UDP）。

统一开发过程仍是将软件开发划分为分析、设计、实现 3 个阶段。

统一开发过程分析阶段需要解决的问题是：系统业务组成、系统业务流程、系统基本构架。能用来描述这些问题的 UML 模型图有：用例图、活动图、分析类图。

统一开发过程设计阶段需要解决的问题是：系统完整构架、系统行为。能用来描述这些问题的 UML 模型图有：设计类图、状态图、顺序图、协作图、组件图、部署图。

统一开发过程的特点是：用例驱动、以构架为中心、增量迭代。

（1）用例驱动。

- 用例：面向用户的程序实例，一个与用户业务直接关联的程序实例。
- 用例驱动：由用例启动面向对象建模，以用例为依据创建面向对象的其他模型。

软件研发是以创建可有效满足用户需要的软件为基本目标，用例驱动即为确保用户需求而倡导，可使研发出来的软件更具用户价值。

用例驱动能够延伸到整个软件研发过程，从源于用例的系统业务到以用例为依据的系统设计、系统实现与系统测试。

图 9.1 所示是对用例驱动的图示说明。

图 9.1　用例驱动建模

UML 中的各种模型都将依赖于用例创建。例如，业务活动建模，要求建立在用例基础上，需要基于用例进行系统内部活动说明。再例如，对象协作建模，也要求依据用例创建，需要以用例为单位，逐项说明对象协作关系，说明系统中对象与环境的交互。当然，随着 UML 后续其他模型的创建，用例所包含的用户需求则逐步具体化、明朗化。

（2）以构架为中心。

系统构架是软件系统的骨骼，直接影响系统的稳定性、扩充性与可维护性。显然，一个功能完备、性能稳定，并可良性扩充的软件系统必然有一副强健的骨骼。

统一开发过程要求以系统构架为中心实施系统开发，并要求优先考虑系统构架，以确保系统有较好的稳定性、扩充性与可维护性。

系统构架通常由一些基本元素搭建，如子系统、构件、类体、接口。

UML 中的构架模型是：类关系模型、构件模型、系统部署模型。

类关系模型是最重要的构架模型，用于描述系统逻辑结构，并是其他诸多模型（如协作图、时序图、构件图）的建模依据。软件系统分析与设计中都需要建立类图模型。实际上，可基于类图而实现由软件分析到软件设计的无缝过渡。

（3）增量迭代。

增量迭代指的是，系统可通过多次反复的修补改进而逐步地趋于完善。

可通过增量迭代而分多期实现软件系统。一期项目只需创建一个由核心构件与主要业务构件构造的小规模系统。显然，这比一开始就着手整个系统的全面开发要更显轻松，并且有更低的项目风险。实际上，一期项目虽然只建立了系统的核心业务，但可通过增量迭代，而在二期项目、三期项目进行补充与完善，并最终完成整个系统的开发。

UML 建模可很好地适应增量迭代。实际上，由于有对系统趋于统一的建模描述，因此，在对系统进行设计时还可再进行分析补充。

增量迭代的首要任务是清晰地明辨系统核心，然后是按照业务将系统分割为多个子系统，接着是按照子系统的优先级别安排对子系统的开发顺序。

例如，要开发一个企业资源管理系统，假如这是一家产品生产型企业，则其核心资源是原材料与产品，一期项目中即需要建立对这些资源的管理，以达到对计划的有效控制；二期项目接着建立对人力的资源管理、对设备的资源管理，以达到对生产效率的有效控制；三期可考虑建立客户资源管理，以达到对产品市场的有效控制。

2. 模型管理

UML 通过包管理模型元素。包能够按照树型结构逐级有效地组织 UML 模型元素，每一个包是一个逻辑容器，被用来装载逻辑元素。通常，一些业务关系密切的元素被放在一个包中，以便进行管理。

通常，一个系统可对应于一个顶层包，其内有许多下级包，如业务分析包、逻辑分析包、逻辑设计包、物理设计包、系统部署包等。

包还可对模型进行逻辑分组。有必要将一个大的复杂的模型分组为多个小的模型、简单的模型，这样的模型更容易被人理解。

不同包中的元素也可能有联系，这种联系通过包之间的逻辑依赖反映。例如，图 9.2 中的订购商品包、顾客管理包、商品管理包，由于商品订单中需要有顾客身份标识，并且有可说明订购内容的商品列表，因此，订购商品包将对顾客管理包、商品管理包有所依赖。

图 9.2　UML 中的包及其关系

9.3 面向对象分析建模

9.3.1 用例建模

用例建模是面向用户需求的，并且比传统数据流模型更能反映系统的用户价值，不仅涉及系统功能要素，还涉及谁在使用这些功能，可反映系统为用户做了什么。

1. 图形元素

用例建模的基本元素有用例、参与者、交流。

（1）用例（Use Case）。

用例是一个业务级功能单元，也是一个面向用户的程序实例。

用例也可看成是一个业务类元，具有属性（用例中的对象元素）和操作（用例的行为或功能特征）。

实际建模中，用例可大可小，它可以是一个可独立运行的有主控程序、交互界面与数据环境的复杂程序子系统，也可以是一个相对比较简单的事务过程或业务函数。

用例使用椭圆图标表示，例如，图 9.3 中的录入成绩、更改成绩、查询成绩、打印成绩单等用例。

图 9.3 学生成绩管理用例图

用例的用户价值特征是：

- 能被用户直接体验。
- 有具体的用户功能目标。
- 可由用户激活。
- 可由用户独立检测。

（2）参与者（Actor）。

参与者是一个可与系统进行主动交流的外部环境元素。

参与者使用"人形"符号表示，然而，这并不意味着参与者就是某个具体的人，它也可以是系统之外的与系统有信息交流的职能机构、机器设备或其他软件系统。

大多数情况下，参与者所代表的是具有某些方面任务职责的角色，例如，图 9.3 中的教师、学生、教务管理员。

（3）交流（Association）。

交流用来连接参与者与用例，可反映系统与用户之间的交互或通信。

一个参与者可与多个用例交流，例如，图 9.3 中的教师与录入成绩、更改成绩、查询成绩之间的交流。

一个用例也可与多个参与者交流，例如，图 9.3 中的"查询成绩"用例即与教师、学生、教务管理员等多个参与者有信息交流。

2．参与者关系

参与者可看作是系统以外的用户类，因此，可通过类的继承性而建立泛化关系（Actor Generalization）。

通常情况下，如果诸多参与者，它们既涉及共同业务，又有各自不同的职责，则有必要考虑从一般到特殊的参与者泛化，以便既能集中它们的共性，又能反映它们的个性。

如图 9.4 所示，"管理员"与"订单管理员""配送管理员"之间即为泛化关系。显然，处于上级位置的"管理员"具有一般性，可表示它们共同拥有的行为能力，如查看订单；而由"管理员"泛化产生的下级参与者"订单管理员""配送管理员"则具有特殊性，可表示它们各自特有的行为能力，如签约订单、按订单配送商品。

图 9.4　参与者泛化

3．用例关系

（1）泛化关系。

用例泛化（Use Case Generalization）用于表示系统中一般的抽象的功能或业务到特定的具体的功能或业务的推断。

例如，图 9.5 中的"付款"与"现金支付""信用卡支付"之间的关系，即为泛化关系。显然，"付款"是抽象的，具有一般性，而"现金支付""信用卡支付"则是比较具体的"付款"形式，具有特定性。

（2）包含关系。

包含关系是一种特殊的依赖关系，使用标记为<<include>>的带箭头虚线表示，用于表示一个用例对另一个用例的功能获取。

图 9.5 "付款"用例泛化

图 9.6 所示即为包含关系，它表示 A 用例对 B 用例有基于包含的依赖。

图 9.6 A 用例包含 B 用例

从构造上看，包含关系可反映为功能内嵌，其语义是"必有"。因此，被包含用例将引入到基本用例内成为基本用例的一部分，并与基本用例有同一个活动空间。

例如，A 用例包含 B 用例，即指 A 用例在运行时不仅可获得 B 用例的功能支持，并且 B 用例将成为 A 用例的一部分，或者说 A、B 合为一体。

通常，可以将系统中一些需要被多处使用的功能抽取出来作为公共用例，然后通过包含关系让这个公共用例被其他用例所使用。

例如，图 9.7 中的"提交成绩"用例，由于"录入成绩""更改成绩"时都需要有"提交成绩"操作，因此可将"提交成绩"抽出为公共用例，并让"录入成绩""更改成绩"包含"提交成绩"用例。

图 9.7 对公共用例的包含

（3）延伸关系。

延伸关系也是一种特殊的依赖关系，使用标记为<<extend>>的带箭头虚线表示，用于表示基于用例的功能延伸或扩展。

图 9.8 所示即为延伸关系，其中的 B 用例是 A 用例的功能延伸，可看作是 A 用例的延伸用例。

延伸关系为功能外挂构造，其语义是"可选"，反映系统基于用例的功能扩充或加强。因此，延伸用例有一定的独立性，并与基本用例有相互独立的活动空间。

图 9.8 B 用例是 A 用例的延伸用例

延伸关系将建立在延伸用例对基本用例的依赖上，也就是说，延伸用例需要依靠基本用例的支持才能产生作用。通常，基本功能之外的其他功能可表示为延伸用例。

例如，图 9.9 中的"查询商品信息"，它是基本用例"订购商品"的延伸用例，可通过它获得查询功能，以方便对商品的订购操作。

图 9.9 通过延伸用例获得功能扩充

4. 建模举例

用例模型是系统功能需求的图形表述。通常，在进行用例建模之前，系统分析者已有了对系统的初步需求调研，并在此基础上获得了关于需求的初步文本陈述。显然，这些有关系统的初步需求认识可作为系统用例建模的前提依据。

用例模型通过用例、参与者、交流等图形元素表达系统应具有哪些功能要素，说明这些功能在被谁使用。用例建模中需要发现这些图形元素。

通常，系统分析者可从有关需求的前期陈述中发现用例、参与者，以及参与者与用例之间的信息交流。

一般地，可以通过以下线索发现模型元素。

● 参与者：系统的服务对象，如系统的使用者、操作者、维护者或管理者，与系统有通信连接的外部设备，与系统有信息交流的其他软件系统。

● 用例：系统中面向用户的业务单元，系统中可被用户直接操控的功能元素。

下面以某"网上商品营销系统"中的商品订购服务为例，说明如何建立用例模型。

该商品订购服务有以下初步需求说明：

（1）基于会员机制建立高可信度的订购服务。

（2）顾客通过建立订单而实现商品订购。

（3）顾客可查询所建订单，以获知订单的当前状态，如待审、签单、撤单、废单。

（4）已由顾客提交给了销售机构，但尚未被销售机构处理的订单为待审订单。

（5）如果订单待审，则顾客有权撤消订单，以使订单失效。

（6）销售机构将接收顾客订单。对于接收到的订单，销售机构如果认为能够执行，则可签约订单，以使订单生效。如果认为难以执行，则可报废订单，以使订单失效。

（7）销售机构如果签约订单，则需要向配送点发订单配送通知，向顾客发付款通知，并建立付款记账单，以方便后续送货、付款、结算等活动的进行。

从上述需求描述中可发现以下建模元素。

● 参与者：顾客、销售机构。

- 用例：会员登录、建立订单、查询订单、提交订单、撤消订单、接收订单、签约订单、报废订单、发配送通知、发付款通知、建立付款记账单。

以此为依据可建立订购服务用例模型，如图 9.10 所示。

图 9.10　商品订购服务用例初步建模

实际上，用例建模还将有利于分析者发现新需求，并更好地理解需求。例如，以下有关订购服务的需求发现：

（1）顾客在会员登录之后才能进入到购物平台中进行购物活动，相关购物活动是建立订单、查询订单。

（2）顾客在建立订单过程中需要进行提交订单操作。

（3）顾客在查询到订单之后可进行撤消订单操作。

（4）签约订单、建立付款记账单、发付款通知、发配送通知应该作为一项整体事务一并完成，以防止出现工作遗漏。

显然，新的需求发现将带来用例模型的进一步完善，基于上述需求发现可对订购服务进行以下方面的建模完善：

- 由于只有会员顾客才能进行购物，因此，有必要从一般顾客身上泛化出会员顾客，以使任务参与者更加明确。
- 由于会员顾客登录所要到达的是购物平台，并需要通过购物平台进入到建立订单、查询订单的活动，因此，有必要建立购物平台用例，并建立由购物平台到建立订单、查询订单的延伸。
- 顾客在建立订单过程中需要进行提交订单操作。因此，建立订单对提交订单有包含关系。
- 顾客在查询到订单之后可进行撤消订单操作。因此，查询订单对撤消订单有包含关系。
- 签约订单、建立付款记账单、发付款通知、发配送通知等活动需要作为一项整体事务一并完成。因此，可在签约订单到建立付款记账单、发付款通知、发配送通知之间建立包含关系。

根据以上分析，可完善该商品订购服务用例模型，如图 9.11 所示。

图 9.11　对商品订购服务用例模型的完善

9.3.2　活动建模

1. 图形元素

活动图可说明系统动态过程，其主要图形元素有活动、转换、起点、终点、判断、并发、同步、泳道等，表 9.1 所列是对这些图形元素的说明。

表 9.1　活动图主要图形符号说明

名称	图符	说明
活动	活动名	活动流中的某项活动
转换	→	活动流中一项活动到另一项活动的过渡
起点	●	活动流的起点状态
终点	◉	活动流的终点状态
判断	◇	活动流的分支判断点
并发	⊢→	从一个活动到多个活动的分叉
同步	⊣→	从多个活动到一个活动的合并
泳道		活动分区，可反映多个参与者的活动协作

2. 业务级活动建模

业务级活动建模一般以业务包为单位进行，通常涉及一个比较完整的业务流程，并有比较清晰的业务活动边界。

业务级活动模型所要建立的是系统基于用户环境的高层活动框架，要求能够反映系统中有关业务的内外全局动态过程。

例如，图 9.12 所示的订购服务业务活动，它即可反映业务全局，涉及顾客、销售机构、配送点等用户的业务参与，并有对订购服务较完整的流程说明，从最初的会员登录到最后的订单结算。

图 9.12　商品订购服务业务流活动建模

业务级活动模型可动态地有时序地表现用例之间的任务协作，其中的活动元素是业务级的，大多可对应于某个用例。显然，这是大粒度活动单位，其内部必然涉及细节活动，并可通过分解细化给出细节说明。

活动建模中还可以用到活动泳道，以反映任务归属，使诸多活动元素能够与用例模型中的参与者关联。例如图 9.12 中的顾客、销售机构、配送点等活动泳道。

3. 用例级活动建模

用例级活动建模以用例为单位进行。

严格地说，除非用例是不可再分的原子功能单位，如可调用的外部功能函数或可引用的外部独立事务，否则就有必要建立活动模型，以对用例提供动态说明。

用例级活动建模需要描述用例内部事件流，说明用例内部功能动态细节，以使得所建用例能够为今后的进一步分析与设计提供有效驱动。

下面以图 9.11 中的"建立订单"用例为例说明如何建立用例级活动模型。

显然，用例级活动建模仍是问题分析，其依据主要来自用户，所要表现的是用户在该项用例任务中对系统的操作步骤。因此，要建立"建立订单"用例的活动模型，就必须搞清楚顾客在这项任务中有哪些具体操作。

对于"建立订单"，可考虑顾客按以下步骤进行操作：选购商品、配置订单细目、生成订单。实际上，基于这些步骤，我们已经可以建立一个基本的活动模型，如图 9.13 所示。

在建立活动基本模型之后，接着可考虑更多的活动细节。例如以下的活动细节：

- 顾客将通过订购平台进入到建立订单操作。
- 顾客在进入下一步操作（如配置订单细目）后，也有可能需要回退到上一步（如选购商品）。
- 顾客应该可以中途放弃订单创建，除非订单已经提交。

无疑，诸多活动细节也必须在活动模型中表现出来，因此，"建立订单"基本活动模型还需要有进一步的补充完善。由此建立的模型如图 9.14 所示，显然它提供了更加全面的活动信息。

图 9.13　"建立订单"基本活动模型

图 9.14　考虑活动细节后的"建立订单"活动模型

9.3.3　实体类建模

面向对象程序涉及控制类、边界类、实体类，分别对应着控制层、交互层、数据层。分析中主要涉及的是实体类。

1. 实体类

（1）发现实体类。

实体类是现实实体的概念抽象，通常可从现实事物中抽取。

类分析建模的首要工作是发现实体类。有许多方法可帮助分析者搜寻软件问题中的实体类，例如，面向需求陈述的名词搜索法——分析者通过对需求说明的仔细阅读，从中寻找关联事物的名词或名词短语，并把每一个名词或名词短语作为候选类记录下来，然后从中筛选出实体类。

下面是有关"网上商品销售系统"的需求陈述。

● 顾客可不受限制地直接进入"网上商品销售系统"浏览商品信息，但必须注册成为会员，并在通过会员身份验证之后才能订购商品。

● 顾客将通过创建订单实现商品订购，所建订单应该出现在订购商品窗上的订单目录内。顾客可通过订单目录了解订单状态，并可对订单目录内的订单进行修改、取消、提交等操作。

● 顾客建立的订单必须提交后才会传送给销售机构。顾客可对没有提交的订单或由销售机构退回的订单进行修改，顾客可对没有签约的订单进行撤消操作。

● 商品销售机构销售部负责处理来自顾客的购物订单，对订单的处理结果可以是"签约"或"商议"。签约即同意订单约定，签约时销售部必须通知顾客按约定付款，并通知顾客收货地的配送点进行商品配送。商议即不同意订单约定，商议时必须说明原因，并将商议意见回复给顾客。

● 商品销售机构各地的配送点在接到订单配送通知后，必须及时按订单要求向顾客进行商品配送。如果顾客选择了货到付款，则配送员还必须负责向顾客收取货款。

● 商品销售机构财务部将负责订单结算。订单签约时顾客可选择不同的结算方式，如货到付款、按约定预付定金、货到结清等。因此，财务部必须根据订单签约要求对顾客货款到账情况进行记录，并建立账单及付款细目。

● 在顾客付清全部货款后，销售机构应该提供发票给顾客，以作为顾客付款凭据。

从上述需求陈述中，我们可以搜寻到以下名词或名词短语：顾客、会员、商品、订单、销售机构、销售部、配送点、财务部、商议意见、配送通知、付款通知、货款、发票等，它们即是候选类。

实体类也可以从对用例图、活动图的分析中发现。如果有待开发的系统有很好的基于用例的业务建模，则用例图以及与用例相关联的活动图自然可作为非常有用的实体类搜寻依据。

在一个基于数据库的系统存储结构中，可从数据库中数据表的映射中发现实体类。实际上，许多基于数据库的信息系统，在建立前台程序应用前就已有了比较完善的后台数据规划，并且前台程序要求基于后台数据构建，因此，用来构造前端程序数据的实体类也就可以并有必要从后台数据表中映射。

（2）确认实体类。

分析中我们不仅要从诸多方面搜寻实体类，还需要按照一定的规则进行实体类确认。通常，可以根据以下特征进行实体类确认：

● 以数据为中心。例如，一个与操作范围、级别有关的"权限"，可当作是实体类看待，因为从"权限"身上所看到的使用权的范围、级别具有非常鲜明的数据特征。再例如"授权",大多不被看作是实体类,因为从"授权"身上所看到的是使用权的分配过程,这是一种行为。

- 具有一定的独立性,并有作为独立元素存在的必要性。仍以"权限"为例,它被认为是实体类,还在于它确有独立存在的价值,需要以对象形式被其他类作为属性引用,以使得权限能获得包含职责、范围等诸多要素的集中控制。再例如"密码",它无独立存在的价值,因此没有必要作为实体类定义,只需看作是某些涉及密码的类的属性。
- 软件系统内部元素。例如,网上商品销售系统中的"配送点",如果该系统仅用于商品订购,而无需考虑对所订商品的配送,则"配送点"在软件系统之外可不作为实体类考虑。然而,如果该系统需要提供商品销售的全过程服务支持,则"配送点"就在软件系统以内,因此需要当作实体类对待。

2. 实体类关系

实体类所代表的数据大多不是孤立的,而是相互之间有一定的关系,并依靠这种关系形成为有组织的程序数据结构。

实体类之间的主要数据关系有关联、聚集、泛化。

（1）关联关系。

如果需要由一个类对象搜索到另一个类对象,则意味着两个类之间需要建立关联关系,以提供由一个类对象到另一个类对象的搜寻线索。

例如,"订单类"与"账单类",顾客购物时需要建立订单,以作为向销售机构订购商品的凭据;销售商需要依据订单建立账单,以作为向顾客收取货款的凭据,并需要随时查询订单的付账状况,因此,也就需要有由"订单类"到"账单类"的关联。

图 9.15 所示即是"订单类"到"账单类"的关联。

图 9.15　"订单类"到"账单类"的关联

两个类之间的连线被用来表示类关联关系,并可以从以下几个方面说明关联。

- 名称:标识关联。例如,图 9.15 中的"导出"。
- 导航:定义搜索对象的方向,使用指向符表示。例如,图 9.15 中从订单类到账单类的导航,其表示由订单可查询到账单。如果既可以从账单查询到订单,又可以从订单查询到账单,则是双向导航,可省略指向符。
- 多重性:表示所关联的两个类之间的对象数量关系。主要有以下几种对象数量表示:"1"(1 个对象)、"0..1"(0 或 1 个对象)、"0..n"(0 到多个对象)、"1..n"(1 到多个对象)。图 9.15 中的多重性所表示的是:一份订单可涉及 0 到 1 份账单与其关联。

（2）聚集关系。

聚集关系是一种特殊的"一对多"关联,可反映具有整体特征的类与具有部分特征的类之间的相关性。

聚集使用菱形表示,菱形连接的一端为代表整体的聚集类,另一端则为代表部分的被聚集类。图 9.16 中的订单即是聚集类,订单细目则为被聚集类。

图 9.16　订单类与订单细目类之间的聚集关系

聚集关系又可分为组合聚集与引用聚集两种类型。

● 组合聚集："聚集类对象"组合了"被聚集类对象"的值，并使"被聚集类对象"成为了"聚集类对象"中不可分割的一部分，如果"聚集类对象"删除，则"被聚集类对象"将一同被删除，它们有共同的生存期。

● 引用聚集："聚集类对象"引用"被聚集类对象"，由此使"被聚集类对象"通过"聚集类对象"而结合在一起。已被某个"聚集类对象"引用的"被聚集类对象"不能再被其他对象引用，必须等到该引用关系撤消，"被聚集类对象"才能重获自由。

组合聚集使用实心菱形表示，图 9.16 中的"订单类"与"订单细目类"之间即为组合聚集，因此，随着订单的取消，订单细目也将随之一同清除。

图 9.17 中的窗体类与控件类也是组合聚集，因为由控件类产生的对象需要依靠窗体类对象才能生存，如果窗体对象关闭了，则窗体中的诸多控件类对象也将一同消失。

引用聚集使用空心菱形表示。图 9.18 中的购物车与物品之间即为引用聚集，原因是某物品若已放进了某购物车，那么该物品就不能被其他购物车选取，除非该物品已从该购物车中拿出。

图 9.17　窗体与控件之间的组合聚集　　　　图 9.18　购物车与物品之间的引用聚集

（3）泛化关系。

泛化关系基于类继承性建立。子类继承父类时，上级父类能够将其属性、操作传导给下级子类。然而，下级子类除了可继承上级父类的属性、操作外，它还可定义自己特有的属性、操作，因此，系统可通过子类而扩展。类泛化即表现了这种由一般父类到特殊子类的扩展。

在类的泛化关系中，高层父类通常要求有对问题的高度抽象，具有一般性；而低层子类则要求体现具体应用，具有特殊性。

例如，图 9.19 中的类泛化关系。处于最高层位置的"商品类"可对商品进行高度抽象，具有一般商品的属性与操作。然而，下层位置的"食品类"却有不同于一般商品的卫生安全特性，并有不同于一般商品的包装配送要求；下层位置的"贵重品类"则有不同于一般商品的价值特性，并有不同于一般商品的付款方式。因此，"食品""贵重品"需要作为特殊商品对待，

并需要从一般 "商品" 中泛化出来，建立特殊的属性与操作。

图 9.19　商品类的泛化

类泛化关系中的高层类由于能对现实问题进行高度抽象，因此能够更加通用。实际开发中经常依靠高层类的抽象能力来提高系统的复用性与可适应性。

（4）依赖关系。

依赖是一种更广泛意义或不够确切的关联关系。通常，当两个类之间没有构造上的数据联系，然而一个类的对象却需要访问到另一个类的对象时，它们之间就存在依赖关系。

例如，图 9.20 中的配送类对商品类的依赖。在基于订单的销售活动中，如果配送只需要按照订单进行，则配送与商品之间无须构造关联。然而，配送过程中可能需要核实商品，如确认订购商品与实际配送是否一致，因此，配送与商品之间需要建立联系，这个联系即可通过依赖关系建立。

图 9.20　配送类对商品类的依赖

依赖关系可用于问题分解。许多时候，一个大而复杂的综合类有必要被分解为诸多小而简单的专用类，然后再通过在诸多专用类之间建立依赖关系而将它们结合在一起。

3. 建模举例

分析中的实体类及其关系是业务中数据概念及其关系的抽象。显然，软件系统分析中，可通过实体类及其关系而表达系统业务数据需求，可在业务层面对系统今后的设计实现提供数据约束。

然而值得注意的是，分析中的实体类并不等同于今后设计与实现中的程序实体。实际上，分析中无需考虑其今后的设计与实现细节，也就是说，类分析建模的重点是识别类及其关系。

图 9.21 所示是有关 "商品订购" 的实体类关系建模，其中的实体类有订单、配送通知、账单、会员、商品等。

实体关系则基于业务中的数据相关性建立，主要关系有：

● "订单" 与 "订单细目" 之间的聚集关系。
● "订单" 与 "会员" 之间的关联关系。
● "订单" 与 "配送通知" 之间的关联关系。
● "订单" 与 "账单" 之间的关联关系。
● "账单" 与 "收款细目" 之间的聚集关系。

图 9.21　"商品订购"业务中的实体类关系模型

9.4　面向对象设计建模

面向对象程序设计需要考虑静态构造与动态过程两个方面的问题。可通过 UML 建立面向对象设计模型，其中的类图可用来描述程序的静态逻辑构造，涉及实体类、控制类、边界类、数据类等诸多类体；协作图、时序图、状态图可用来描述基于对象的程序动态过程；最终的安装发布还涉及物理结构，组件图可用来描述程序系统物理结构。

9.4.1　面向对象设计特点

面向对象程序有与结构化程序不同的内部构造与运行机制，因此，需要有不同于结构化程序的专门设计方法的支持。

结构化程序设计的特点是以功能为依据，以实现功能为目标。例如，使用结构化方法开发一个"水电状况监控程序"，首先是要分析对水电进行监控的程序应该具有哪些功能。假如该程序需要监控水的温度、压力、流量等，并且当水压太大或水温太低时，需要鸣音报警，以防止出现水管爆裂现象；需要监控用电状况，如电压、电流等，并且当电压过高或电流过大时，需要鸣音报警，以防止产生用电事故。基于上述功能要素可确定其功能模块及其控制，由此可设计出程序结构。图 9.22 所示为该程序的结构化设计。

图 9.22　水电状况监控程序的结构化设计

　　面向对象程序是以现实世界中实体元素的概念抽象为依据，并基于实体元素及其控制确定程序结构。仍以"水电状况监控程序"为例，如果是采用面向对象方法开发，则需要分析它涉及哪些实体元素，这些实体元素有哪些特性，需要对这些实体元素进行哪些操作。显然，程序中涉及水、电等实体元素，其中的水元素含有水压、水流量特性，电元素含有电压、电流特性。

　　面向对象程序通过类体模块构造程序，诸多实体元素及其控制都可以当作类体进行程序构建。图 9.23 所示是该软件问题面向对象程序模块的设计结果，图中的"主控""水电监控""水""电"等即为程序中需要构造的类体。

图 9.23　面向对象水电状况监控程序的静态结构

　　应当注意的是，面向对象程序中的类模块提供的是程序的静态结构，它并不能像结构化功能模块那样被直接调用，而需要通过类的对象实例才能产生执行结果。因此，面向对象程序设计还需要考察对象的动态行为，并建立起有关对象的动态行为模型。

　　图 9.24 所示是"水电状况监控程序"的面向对象动态行为建模，图中的 m、c、w、e 等即是基于相关类体构造的对象实例。

图 9.24　面向对象水电状况监控程序的动态时序

9.4.2 基于 UML 的设计建模

1. 设计视图

软件设计需要有对软件较完整的设计说明，因此，也就需要从许多不同的视角建立设计模型。UML 可提供诸多视角的设计建模。

- 设计类图（Design Class Diagram）：描述系统基于类、接口的静态逻辑结构。
- 状态图（Statechart Diagram）：描述对象状态与状态基于事件的改变。
- 协作图（Collaboration Diagram）：描述对象之间的动态交互与任务协作。
- 时序图（Sequence Diagram）：描述对象之间基于时间顺序的消息通信。
- 构件图（Component Diagram）：描述程序系统基于构件（如 EXE 程序、DLL 动态链接库、Web 页包）的物理构造。
- 部署图（Deployment Diagram）：描述系统基于机器节点的物理分布。

2. 设计步骤

软件设计还需要考虑建模步骤，以使软件设计有一个合乎逻辑的建模推论。

图 9.25 所示的 UML 建模过程是一个可供参考的建模步骤，能够实现由分析到设计比较完整的建模推论。

图 9.25　UML 建模过程

3. 设计内容

面向对象程序设计将涉及逻辑结构、动态过程与物理结构这 3 个方面的建模。

（1）逻辑结构。

可通过设计类图描述程序系统的逻辑结构。可以说，设计类图处在图 9.25 中的一个非常关键的位置，能够带来由分析模型到设计模型的过渡。

更加重要的是，由于分析与设计时都需要建立类图模型，因此，基于类图的模型演变可带来由分析到设计的无痕过渡。

（2）动态过程。

可通过状态图、时序图、协作图来描述程序系统的动态逻辑过程，以说明系统基于对象的逻辑运行机制。其中，状态图可表现单个对象由事件触发的属性改变，时序图与协作图可表现对象之间的交互与消息通信。

从图 9.25 可以看到，状态图、时序图、协作图等需要基于设计类图创建，并且与设计类图之间有迭代关系。也就是说，动态过程建模与静态结构建模可交替进行，并可逐步相互完善。

（3）物理结构。

系统开发的最终结果是物理实现，可通过构件图、部署图描述系统物理结构。

构件图一般用于反映系统基于构件的物理集成，所涉及的物理构件有 EXE 执行程序、DLL 动态链接库、ActiveX 控件等。

部署图一般用来说明系统最后的物理安装配置。应当注意的是，系统最终的安装配置与系统的实际应用密切相关。因此，在图 9.25 中，部署图是基于构件图、用例图，以及业务背景建立的，其中的构件图为系统部署提供必要的物理元素，而用例图及其业务背景则为系统部署提供了必要的现实依据。

9.5　系统逻辑结构设计

9.5.1　确定系统构架

1. 系统分层构架

系统构架是构造程序系统的基本框架，需要提前考虑。分层构架是一种常用的构架模式，其特点是程序系统按功能支持分层构建，如应用层、中间构件层、系统层等。

- 应用层：面向用户的应用程序系统，如界面程序、客户端处理程序。
- 中间构件层：面向开发的支撑程序系统，如开发平台、API 支持包、对象服务代理程序。
- 系统层：面向设备或底层环境的程序，如操作系统、数据库引擎系统、网络通信协议、设备驱动程序。

图 9.26 所示是 Java 程序系统分层构架。

应用程序系统研制者承担的主要是应用层的开发工作。然而，应用层需要有中间构件层的支撑，如需要基于一定的开发平台实施程序开发，需要基于 API 包构造图形界面、建立数据库访问。中间构件层还需要有系统层的支持，如文件服务支持、数据服务支持、网络服务支持等。因此，尽管是应用程序系统的研制，开发者仍需要对应用层所依赖的这些支撑环境有一定的把握，需要对中间构件层所依赖的底层环境有一定的了解。

图 9.26　Java 程序系统开发平台

2. 应用程序框架

对于复杂的应用程序系统，其设计通常是自顶向下逐级进行的，这个"顶"就是应用程序框架，要求最先确定下来。程序系统的研制者应该尽力设计出一个良好的程序框架，以使程序系统具有良好的集成性与可扩充性。

通常情况下，设计者会将一个复杂的程序系统划分为诸多相对简单的具有一定独立性的任务子系统。应用程序系统框架以这样的任务子系统为元素搭建。

分析中建立的业务包可作为任务子系统映射到设计中来。例如，图 9.27 所示的商品销售系统逻辑框架，其中的诸多子系统即来自图 9.2 中的业务包的设计转换。

图 9.27　商品销售系统逻辑框架

需要注意的是，子系统是程序实体，因此，其内部元素是不同于业务包的。一般看来，业务包是业务的聚集，其内部元素是用例、活动等业务元素，而子系统是程序实体，是程序元素的聚集，其内部元素是类、接口、对象等程序元素。

子系统相互之间要求有一定的任务独立性，因此，只有较少的数据通信，主要体现为接口连通。

9.5.2　设计类体

1. 类的设计完善

类体是构造面向对象程序的基本元素。分析中我们即已建立类图，但分析类图是建立于业务实体及其关系上的，所表达的是应用层问题。然而，软件设计不能停留在应用层，而必须从实现角度考察软件内部构造，考察软件系统与环境的交互与通信。因此，设计中需要完善类图，一些分析中没有考虑到的类需要补充进来，如控制类、边界类、数据库环境类等；分析中已经考虑到的类也要做进一步的完善，如补充属性、设置方法、确定可见性等。

一般看来，设计中需要对类图进行以下几个方面的设计完善：

（1）完善实体类定义。分析中的实体类是现实环境中实体的抽象。然而，设计中的实体类需要考虑程序结构的合理性，因此需要对来自现实的实体类做进一步的逻辑抽象。例如，建立更高层的抽象类，然后通过抽象类的泛化产生出下级的派生类，以使程序中的类体有更加严密的逻辑定义。

（2）完善实体类属性定义。分析中的实体类属性也是直接源于现实环境的，这使得属性定义可能并不符合程序编码要求。因此，设计中可能需要根据程序编码来对类体属性进行完善，如补充遗漏的属性、按编程语言要求说明属性数据类型等。

（3）完成实体类操作定义。分析中的实体类一般不需要考虑其行为，因此，也就无需进行与行为有关的操作定义。然而，由实体类产生的对象的运行则需要考虑操作，并且需要考虑与其他对象的交互。因此，设计中还必须完成类操作定义。

（4）完成其他类的定义。实体类是组成程序类模块的核心内容，但实体类作用的发挥则需要其他类体元素的协作，如控制类、边界类等。设计中需要将这些类补充进来。

2. 设计中涉及的类

（1）实体类（Entity Class）。

分析类图中已有了实体类，然而它们是业务元素，其命名或特征描述一般都是建立在用户业务语境基础之上。

设计中的实体类则是程序元素，需要以程序实现为建模目标。

通常，分析中的实体类可映射到设计中来，但一般需要重新命名，以方便今后的程序代码实现，并需要有更进一步的发现与细节说明。

图 9.28 中的"E 订单"为设计中的实体类，其类别标签<<entity>>与命名中的前缀字符"E"被用来标记它是实体类。

显然，设计中的实体类有了比分析中的实体类更多的细节，不仅涉及属性、操作，还有对属性、操作的可见性说明——公共的（Public "+"）、私有的（Private "-"）、受保护的（Protect "#"）。

实体类的核心内容是属性，其反映了实体类的数据特征。

例如，"E 订单类"中的以下属性。

● id：订单标识码。

- paymentMethod：付款方式。
- shipAddress：送货地址。
- status：订单状态。
- contractDate：签约日期。

通常，数据要求有良好的私密性，因此，属性的可见性大多定义为私有的或受保护的，"E订单类"中的属性均定义为私有的。

实体类的操作一般围绕其属性定义，并且一般定义为公共的，以作为私有数据属性的消息通道。图 9.28 中"E订单类"的诸多操作即被定义为公共的，因此，可被外部其他对象访问。

（2）控制类（Control Class）。

控制类是设计中最重要的类，一般基于程序任务定义。图 9.29 所示的"C 订单结算"即是一个控制类，其类别标签<<control>>与命名中的前缀字符"C"被用来标记它是控制类。

图 9.28　设计中的实体类　　　　图 9.29　控制类及其关系

控制类的核心内容是操作，并且其每个操作都与类的某个任务目标相关，或对应着某项特定的程序任务。

例如，图 9.29 中的"C 订单结算"类，提供了 3 种针对订单的付账计算操作：

- DuePay()：应付款。
- AlreadyPay()：已付款。
- ResidualPay()：余款。

由于控制类是基于程序任务定义的，因此，其自身并无需构造数据，而可以通过依赖实体类获取所需数据。图 9.29 中的"C 订单结算"即依赖于"E 订单"和"E 账单"，以获取所需的订单、账单数据。

（3）主控类（Main Class）。

主控类是一个含有 main()方法的特殊的控制类，处于最高层控制位置，能够自主控制，可以启动程序。

图 9.30 中的 M 订单管理是主控类，含有 main()方法，其命名中的首字符"M"与名称上面的标签<<main>>被用来标记它是主控类。

图 9.30　主控类及其关系

需要说明的是，主控类依编程语言的不同而有不同的形态，例如 C++，它就没有含 main()方法的主控类，而只有名称为 main 的主控过程，尽管如此，我们仍可使用主控类这个概念表示一个可独立运行的程序进程，并且在设计中通过主控类标记出这个程序进程的启动与顶层控制。

主控类是基于程序进程定义的，并通常与一个可执行程序构件对应。然而，主控类对象一般只提供一个执行环境，具体执行则依赖于执行过程中的其他控制类对象。

例如，图 9.30 中的 M 订单管理类，只承担对订单的管理操控，具体执行则依赖于 C 订单查询、C 订单签约、C 订单商议等其他控制类体。

（4）边界类（Boundary Class）。

边界类是以系统与外部环境的交互或通信为依据定义。窗体、Web 页、终端连接程序、外部应用接口等都可看作是边界类。

图 9.31 所示的"B 订单结算窗"是一个边界类，其类别标签<< boundary >>与命名中的前缀字符"B"被用来标记它是边界类。

图 9.31　边界类及其关系

窗体、Web 页是最常用到的边界类，用于构造图形用户界面（raphics User Interface，GUI）。

应当注意的是，窗体、Web 页中的属性大多为可响应外部事件的图形控件，因此，属性名前面有必要加上控件类型标签，如<<ListBox>>（列表框）、<<Button>>（按钮），以标记控件类型。

诸多图形控件元素一般引用于图形控件包或控件类库，例如，Java 中的 Java.awt 包、Stdudio.NET 中的 Forms.dll 库。这种引用关系也有必要在建模中加以体现。

边界类中的操作也有特殊性，一般是事件函数，由来自控件的事件消息触发。

例如，"B 订单结算窗"中的 OrderList_Click()、Print_Click()等操作，即为事件函数，因此，其操作名前面加有<<event>>标签，以表明需要由事件消息触发。

边界类是用来构造界面的，因此，其对象一般不自身提供数据，而是在控制类对象的操控下由实体类对象提供数据。正因为如此，边界类往往对控制类、实体类有所依赖，例如，"B 订单结算窗"即对"E 订单""C 订单结算"有所依赖。

（5）数据库环境类（DbEnvironment Class）。

如果系统有对数据库的频繁访问，则可能需要建立数据库环境类，以获得对数据库访问的公共的并有限制的集中操控。

图 9.32 中的"DE 商品销售数据环境"是一个数据库环境类，其类别标签<<DbEnvironment>>与命名中的前缀字符"DE"被用来标记它是数据库环境类。

图 9.32　数据库环境类及其关系

"DE 商品销售数据环境"类用于建立公共数据环境。"DE 商品销售数据环境"类中的 Conn 属性用于提供数据库连接参数，并被定义为静态属性，以供所有数据环境对象实现共享连接。公共操作 OpenConn()用于打开数据库连接，CloseConn()用于关闭数据库连接，并且都被定义为静态的，以提供基于类的共享访问。

"DE 商品销售数据环境"类中的其他操作则针对具体数据对象定义，用于提供专门的并且能建立规则限制的数据操作接口。

数据库环境类一般处于实体类与底层数据访问类之间的中间层位置，并在两者之间起通道作用。因此，向下面看，数据库环境类需要依赖底层数据访问类的支持，如 ODBC、JDBC、ADO 的支持。而向上面看，数据库环境类能支持实体类进行数据操作，可被实体类所依赖。

例如，"DE 商品销售数据环境"依赖于 Java.sql 包，以获得 JDBC 支持，并被订单、账单、订单细目等诸多实体类所依赖，为它们提供所需的数据操作。

9.5.3　抽象类、接口及其用途

1. 抽象类（Abstract Class）

抽象类是一种不能构造对象的专门用于高层数据抽象的特殊类。

图 9.33 中的"A 列表"类即为抽象类，其类别标签<<Abstract>>与类命名中的前缀字符"A"被用来标记它是抽象类。

图 9.33　抽象类及其派生子类

抽象类通常处于类层级关系的顶层位置，用于对诸多具有共同特性或行为的类进行概括。"A 列表"类即用于概括列表类，如"E 订单列表"类、"E 商品列表"类，可使列表类共同拥有的属性与方法获得更高层次的抽象。

抽象类主要用来定义具有框架特征的系统高层数据结构，可给程序系统带来统一风格与高复用率。通常，程序构架设计时需要确定数据规范，需要考虑系统有趋于统一的构造风格。抽象类可用来定义数据规范，又可使程序有趋于统一的构造风格。

应当关注的是，虽然不能通过抽象类构造对象，但由抽象类派生的下级子类可构造对象，而由抽象类定义的引用变量或指针变量可以指向并操控这些子类对象。因此，设计中可通过抽象类建立多态应用。

2. 接口（Interface）

接口是操作的集合，是类、构件、子系统的外部可见的操作说明，专门用于功能抽象。图 9.34 所示的"I 打印报表"即是一个用于报表输出的接口，其类别标签<<Interface>>与命名中的前缀字符"I"被用来标记它是接口。

图 9.34　接口及其实现

接口具有以下一些特点：

- 接口只有操作而没有属性，并且只能声明操作，而没有实现操作的方法体。
- 接口中操作都是公共的，能够被外部对象访问。

- 接口只能被下级子接口继承，而不能被类体继承，但可被类体实现。
- 接口只有在被类体实现之后才有实际价值。
- 接口不能创建对象，但可定义变量，并且可通过接口变量访问实现接口的类对象。

接口与前面的抽象类有许多相似之处，都不能产生对象实例，都能够支持消息多态。但接口并不完全等同于抽象类。

接口与抽象类之间的区别是：

- 接口一般是用来进行功能抽象或定义公共消息通道；抽象类一般用来进行数据抽象，定义抽象数据类型。
- 接口是虚体，实际上无法利用接口提高代码复用率；抽象类是不能产生对象的实体，有实现操作的方法体，可依靠下级子类的继承而提高代码复用率。

显然，接口并不能建立实质性功能，而且还增加了编程复杂度，降低了程序执行效率。然而，接口可建立消息通道，并且可被诸多不同的类体实现，因此，可作为诸多不同类体共有的格式统一的消息通道。

例如，图 9.35 中的"I 打印报表"接口，它被"C 打印商品报表"和"C 打印订单报表"这两个类体实现（带虚线泛化图标表示了类对接口的实现），因此，也就成为了这两个类共同的消息通道。

图 9.35　类对接口的实现

接口也可使用空心圆点表示，并可连线于类实现，如图 9.36 所示。实际上，接口也就是实现其类的暴露在外的消息通道。显然，这样的空心圆点更具外部消息通道象征性。

图 9.36　使用空心圆点表示接口

大多数的系统需要具备功能扩充性。例如，数据导入功能，某程序系统需要从外部数据源导入数据，并且外部数据源会随系统应用发展而不断增加。接口有利于程序系统的功能扩充，例如，设计一个通用数据导入接口，然后在后续的系统建设中根据应用需要建立各种能承担不同数据导入功能的类体实现这个接口。

3．基于抽象类、接口的系统构架设计

抽象类、接口通常用于系统构架设计，以定义系统的基本数据结构，约束系统外部行为特征，或表现系统需要提供的外部服务。

在图 9.27 商品销售系统逻辑框架中，就使用了接口说明子系统之间的服务依赖。然而，抽象类需要派生出下级子类，接口需要被类引用并通过类实现其操作，它们才有实际价值。例如，如图 9.37 中的外部接口"I 检索订单""I 检索会员""I 检索商品"与用于实现接口的"C查询订单信息""C 查询会员信息""C 查询商品信息"类体。

图 9.37　基于接口设计系统

9.5.4　程序逻辑结构

面向对象程序设计的最核心内容是程序逻辑结构设计，其需要考虑的问题是：确定有哪些类、确定类体之间的关系。

可通过设计类图说明程序逻辑结构。实际上，需求分析时就已建立了分析类图。然而，分析类图是面向业务的建模，因此，一般只会考虑实体类。软件设计中不能只考虑实体类，还需要考虑控制类、边界类、数据库环境类等其他方面的类。类之间关系不只是业务层面的数据关联，还必须深入到程序内部控制机制上去，并且需要有对控制机制的精细设计考虑。

1．映射程序系统基本结构

所谓结构映射，就是将分析中已经建立的类图迁移到设计中来，以此启动类图设计。实际上，由于面向对象的分析与设计中都需要建立类图模型，因此，基于类图的由分析到设计的过渡也就显得比传统结构化方法更加顺畅，可看作是无痕过渡。

例如，图 9.38 所示的设计类图是对图 9.21 分析类图初步设计的完善，由于所进行的结构映射只是用来启动设计，因此几乎就是原样复制，一般只需要进行以下方面的设计完善：

（1）按照编码需要对类体重新命名。

（2）确定并设置类别标签。

（3）对已经确认的类中的属性、方法等进行精细定义。

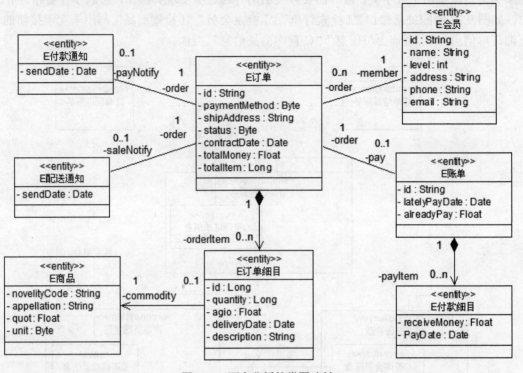

图 9.38 源自分析的类图映射

设计中的类图已能生成类体框架代码，若使用设计建模工具（如 Rational Rose、PowerDesigner）建立设计蓝图，则可通过该工具自动生成类体框架。

下面就是图 9.38 中类体的框架代码。

```
/*****************************************************************
 * 类体声明
 *****************************************************************/
public class E 订单;
public class E 订单细目;
public class E 会员;
public class E 商品;
public class E 配送通知;
public class E 付款通知;
public class E 账单;
public class E 付款细目;
/*****************************************************************
 * 类体定义
```

```
************************************************************/
public class E 订单 {
    private String id;
    private Byte paymentMethod;
    private String shipAddress;
    private Byte status;
private Date contractDate;
    private Float totalMoney;
    private Long totalItem;
    private E 会员 member;
    private E 订单细目[] orderItem;
    private E 账单 pay;
private E 付款通知 payNotify;
private E 配送通知 saleNotify;
}

public class E 订单细目 {
    private Long id;
    private Long quantity;
    private Float agio;
    private Date deliveryDate;
    private String description;
    private E 商品 commodity;
    private E 订单 order;
}

public class E 会员 {
    private String id;
    private String name;
    private int level;
    private String address;
    private String phone;
    private String email;
    private E 订单[] order;
}

public class E 商品 {
    private String novelityCode;
    private String appellation;
    private Float quot;
    private Byte unit;
}

public class E 配送通知 {
    private Date sendDate;
```

```
        private E 订单  order;
    }

    public class E 付款通知{
        private Date sendDate;
        private E 订单 order;
    }

    public class E 账单{
        private String id;
        private Date latelyPayDate;
        private Float alreadyPay;
        private E 订单[] order;
        private E 付款细目[] payItem;
    }

    public class E 付款细目{
        private Float receiveMoney;
        private Date payDate;
    }
```

2. 构造程序系统完整结构

需要说明的是，从分析类图转换而来的程序结构只是全部程序结构中的一部分，所涉及的只是体现系统数据特征的实体类，因此，其不足以支持程序系统构建。

设计需要考虑的是完整的程序结构，设计获得的结果应该能对程序系统构建提供全面有效的支持。因此，设计需要有对类体及其关系更全面的建模，不仅是实体类，还有控制类、边界类等其他方面的类，以及类体之间的关系，都需要通过建模确定下来。

一种合乎逻辑的设计思路是，以用例为依据构造完整程序结构，也就是用例驱动。

一般看来，用例是一个可被用户直接体验的完整功能单元，但如果从程序角度考察如何实现用例，则必然涉及诸多方面的类的集成，因此，也就需要有基于用例的类关系建模说明。

实际上，通过用例及其内部活动可发现更多的类，如实体类、边界类、控制类、数据环境类等，都可通过考察用例来发现。

- 用例将必然涉及数据，因此需要有与数据相关联的实体类。通常，可根据用例内部活动的数据需要进行实体类用例分配，不仅是分配已经发现的类，而且还可能需要补充创建一些新的实体类到用例中来，以满足用例更加全面的数据需要。
- 用例可被用户直接体验，必然涉及与用户的交互或通信，因此需要定义边界类。通常，可根据用例内部活动的交互需要建立边界类，如窗体、Web 页等。
- 用例还必然涉及程序任务控制，并大多需要有控制类进行专门的程序流程控制。一般看来，控制类如同用户界面与系统内部数据之间的连接通道，可使诸多来自实体类对象的数据按照设计好的规则有序地在边界类对象上表现出来。通常，可根据用例内部活动对控制的需要建立控制类。
- 如果用例中有访问数据库的活动，则还需要有数据环境类的支持，以方便对后台数据库的访问。

- 用例中的边界类、控制类、实体类、数据环境类等各种类体元素，则主要通过依赖关系建立联系，以反映对所需类体的引用。可对用例内部活动进行细心考察，从中发现类体之间的依赖。其一般是由外至内建立依赖，即从边界类到控制类、实体类，再到数据环境类。

下面以"建立订单"为例来说明如何基于用例完善程序结构。

图 9.39 和图 9.40 所示分别是"建立订单"的用例模型与活动模型。

图 9.39　"建立订单"用例模型

图 9.40　"建立订单"活动模型

下面是对这两个模型的分析。

（1）数据源自实体类。依据该用例的数据需要，可进行以下实体类分析：

- 顾客需要选购商品，因此需要有商品类。
- 顾客需要建立订单，因此需要有订单类、订单细目类。
- 建立订单时需要导入顾客的会员信息，如会员级别、送货地址、联系电话、邮件地址等，因此需要有会员类。

（2）顾客建立订单时需要有与系统进行交互的界面，并考虑通过 Web 页建立交互界面。依据对用例内部活动的考察，可识别出以下 Web 页：

- 订购平台页。

- 选购商品页。
- 配置订单细目页。
- 生成订单页。

（3）建立订单过程中还需要有控制类进行任务控制。

（4）该用例还将涉及对数据库的读写操作，因此需要有数据环境类的支持。

基于上述分析可建立该用例类关系模型，如图 9.41 所示。

图 9.41　"建立订单"类图模型

毫无疑问的是，如果要完整地表现整个系统的程序结构，则必须对每个用例都进行类图建模。很显然，这必然是一件非常需要耐心的工作。

3. 提高类体独立性

类体是面向对象程序的基本模块，要求有良好的独立性。通常情况下，类体独立性越强，系统结构越稳定，系统扩充性也就越好。设计需要考虑的是，避免不必要的耦合或采用低耦合，以提高类体独立性。

（1）类体内聚度。

类体既需要考虑如何构造与封装数据，还需要考虑如何通过方法处理封装数据。

类体应该在整体构造上获得高内聚，因此，需要以数据为核心构造，诸多操作则围绕数据创建，并以服务数据为操作目标。

类体还需要具有较高的方法处理内聚度。第 6 章中介绍的一些内聚形式，如功能内聚、顺序内聚、通信内聚、过程内聚可用来判断操作方法是否具有高内聚度。

（2）类体之间的耦合度。

类体之间需要依靠耦合结成整体。然而，高耦合会导致类体独立性下降。

传统耦合形式有数据耦合、控制耦合、公共耦合，它们也适应于类体。此外，类体作为构造对象的特殊模块，还有一些特殊的耦合形式。

- 类体继承耦合：类 B 如继承于类 A，则类 B 将因继承类 A 的公共的或受保护的属性、操作，而受制于类 A。例如，构造类 B 对象，就不仅要对类 B 特有的属性进行初始化，还需要调用类 A 的构造函数，以对上级类 A 属性进行初始化。继承耦合的影响是，上级类 A 如有修改，则下级类 B 也需要做一定的适应性修改。
- 类体引用耦合：如果在类 A 中引用了类 B，则产生此种耦合。实际上，无论被引用到类 A 中的类 B 有何用途（如用于定义类 A 的某个对象属性或用于定义类 A 的某个方法中的局部对象变量），只要类 B 有了修改，则类 A 就可能需要进行一定的适应性修改。
- 类体友元耦合：如果类 B 被声明为类 A 的友元类，则类 B 将嵌入到类 A 之中，以致类 B 中的任何操作都可直接访问类 A 中的私有的或受保护的数据属性，并使得类 A 的任何改变都可通过类 B 向外传播。

一般看来，如果基于接口设计与实现类体，则类体中依赖于接口的外部消息通道与用于实现操作的内部方法都会受到规则制约。显然，这样的类体可有更低的耦合度与更高的内聚度，因此独立性更强。正因如此，规模庞大而复杂的系统一般会要求先通过接口设计程序系统基本框架，然后基于框架设计基于类的程序结构，由此使系统获得稳定的结构与良好的扩充性。

9.6 程序对象交互设计

面向对象程序虽然是以类体为主要元素构造，然而类体是静态的，自身不能运行，而是依靠类的实例对象动态执行。因此，在面向对象程序设计中，除了需要有基于类的静态结构建模说明，还需要有基于对象的动态过程建模说明。

UML 中能够用于建立动态过程模型的有协作图、时序图、状态图。

9.6.1 协作图

对象之间可通过消息进行动态交互，UML 中的协作图可说明对象之间的动态交互。图 9.42 所示就是一个协作图，其反映了 a、b、c 三个对象之间的动态交互。

图 9.42 对象协作图

协作图中的主要图形元素是：

- 对象。类体实例，用矩形框表示，框内标有对象名与对象所属的类，命名格式是：[对象名]:类。其中，对象名可省略。
- 链接。对象之间的永久关系，一般由类体之间的持久静态关系映射，如类体之间的关联关系、聚集关系、依赖关系等，即能够被映射为对象之间的链接关系。
- 消息。对象之间的短暂通信或交互，需要依附于持久链接关系建立，其中的序号用于表示消息触发的时间顺序。

需要指出的是，协作图建模将依靠用例驱动，并且已经获得的针对用例的类关系建模能够用作协作建模的结构背景。与此相适应的建模策略是：从基于用例的类关系模型中直接获取到有关对象的协作框架。

可以说，这是一件很容易操作的工作，通过将类关系模型中的类体映射为对象，将类体之间的关联、聚集、依赖关系映射为对象之间的链接关系，那么一个有关对象的协作框架也就建立起来了。

以"建立订单"用例为例，图 9.41 已经给出了类关系结构，则以该类结构为依据，可直接映射出"建立订单"对象协作框架，如图 9.43 所示。

图 9.43   "建立订单"对象协作框架

但是，一个由类关系模型映射而来的对象协作框架只能说明对象之间的静态协作关系，而不能反映对象之间基于消息的动态交互。因此，在建立对象协作框架之后，还需要考虑对象之间的消息通信与动态协作。

通常情况下，可以依据用例的内部活动搜寻对象之间的动态协作。显然，为使活动模型能够有效地支持动态协作建模，设计者有必要对用例内部活动做进一步的细化，然后将诸多细节活动转换为对象消息。

诸多源自活动的对象消息将需要依附于静态协作框架中的对象链接表示出来，以说明对象之间短暂的动态的基于消息的通信或交互。

依据上述协作建模策略，并基于图 9.43 中的"建立订单"对象协作框架，可进行动态协作建模，由此可建立"建立订单"动态协作模型，如图 9.44 所示。

图 9.44　"建立订单"对象动态协作模型

9.6.2　时序图

时序图也是针对对象的动态行为建模，但有不同于协作图的建模特点，主要基于对象生命线说明对象交互，因此，有比协作图更加直观清晰的时序说明。

图 9.45 所示即是时序图。

图 9.45　时序图

时序图中的图形元素有：

- 对象，类实例，用矩形框表示，框内标有对象名与对象所属的类，命名格式是：[对象名]:类。其中，对象名可省略。
- 对象生命线。对象矩形框向下的垂直虚线，用于表示对象在某段时间内的存在状态。
- 对象激活期。对象生命线上的细长矩形条。当对象收到消息时，接收对象立即开始执行活动，即对象被激活了。

- 消息。由一个对象激活期到另一个对象激活期之间的有向水平连线，箭头形状表示消息的类型（如同步、异步），其中的消息可以用消息名和参数表标识。

需要注意的是，尽管时序图有不同于协作图的建模视角，但所建模型的实质内容具有一致性。正因为如此，协作图与时序图可以相互转换。图 9.46 和图 9.47 所示是"建立订单"时序建模举例，是由图 9.44 所示的协作图转换而来的。

图 9.46 "建立订单"时序图（1）

图 9.47 "建立订单"时序图（2）

9.6.3　状态图

对象因属性值的不同而有不同的状态。对象的某种状态通常具有一定的稳定性，然而当对象受到外部事件干预时，则可能触发其由一种状态迁移到另一种状态。

状态图可用来描述对象的状态及其迁移。表 9.2 所列是状态图中的一些常用图形元素及其含义。显然，状态图有与活动图类似的元素，但意义还是有一些区别的。

表 9.2　活动图主要图形符号说明

名称	图符	说明
状态	状态名	对象的一组有显著特征的属性值
迁移	⟶	对象由一种状态到另一种状态的迁移
初始状态	●	伪状态，表示由此处进入状态
最终状态	◉	表示到此处后将结束所有状态

一般看来，状态图中的对象是一个取自系统的个体元素。因此，在对某个对象进行状态考察时，无须过多地考虑它与其他对象的交互。

状态建模也无须过多地考虑过程细节，它们通常由分析中的活动模型提供依据。

状态建模的重点是关注对象自身有哪些可辨别的状态，以及它将如何由一种状态改变为另一种状态。

当所面临的问题与业务密切相关时，状态建模必然要涉及对象的业务应用。而且，一个涉及用户业务的对象状态图还可能需要从业务全局角度考察对象状态及其迁移。因此，状态图可能会跨越不同的程序进程，甚至可能贯穿对象的全部生命历程，以使对象可能出现的且有一定业务意义的各种状态，以及这些状态之间可能出现的各种迁移，都能够在状态图中得到说明。

图 9.48 所示的订单状态建模即跨越了多个程序的进程，并贯穿了"订单"对象的全部生命历程，从订单的新建、待签，到签单、配单，直到结单。

图 9.48　"订单"对象状态建模

9.7 系统物理装配与部署

9.7.1 程序构件图

1. 模型元素

UML 中的构件图是软件系统物理建模，用于反映软件系统基于构件的物理集成与装配，如图 9.49 所示。

构件图中的主要图形元素有：

- 构件。软件系统中的物理单元。通常可对应到一个特定的程序文件，如 EXE 可执行程序文件、DLL 动态链接库文件、数据库文件、ASP 文件、HTML 文件等。

图 9.49　程序构件图

- 接口。构件中需要暴露在外的消息通道。通常在逻辑框架中定义，并被引入构件中，以支持构件与外界的数据通信和任务协作。
- 依赖。表示一个构件需要从另一个构件处获得服务支持。如果另一个构件有接口，则可建立对接口的依赖，以获得服务支持。

2. 建模方法

无疑，构件是构件图中的核心元素。通常情况下，构件有清晰的边界，并能对应到一个特定的文件或文件包，如 EXE 可执行程序文件、DLL 动态链接库文件、数据库文件、ASP 文件包、HTML 文件包等。

构件所要表现的是对逻辑类体进行物理构造，并且一个构件可以构造一个或多个类体。一般认为，构件可基于类体相关性进行物理集成，如业务相关性、功能相关性、数据相关性。这些相关性就是定义程序构件的依据。

当然，一个类体也可以被多个构件构造，但这无疑将造成程序冗余，并会使程序维护难度加大。因此，构件建模中应对逻辑类体有合理的分类组合，一些需要共享的类体有必要抽出作为独立构件定义，以提供给其他构件引用。

基于业务相关性集成的构件可看作是业务构件。逻辑框架中的业务包或业务子系统可对应为一个业务级物理构件。例如，前面讨论的商品销售系统即可考虑由顾客资源管理、商品资源管理、商品订购、订单配送、订单结算等诸多业务级构件集成，其中的每一个业务级构件可看成是一个业务子系统。

然而，业务级构件可能有较大的规模，并且构件中的某些功能或数据需要被其他构件引用，或是需要部署到特定的机器节点上独立工作。显然，这些功能或数据有必要抽取出来，并作为独立的功能构件或数据构件定义。

应当注意的是，构件是可替换的零件，通过构件替换可对软件系统进行维护改造、功能扩充。因此，在定义构件时，还必须考虑到它的可替换性，以方便软件系统的扩充与维护。一般看来，包含有较多类体的大构件，有必要被分解为多个较小的构件，以使其有更好的可替换性。

构件建模中还将涉及对接口的分配。这些接口通常在程序逻辑框架中定义，并依赖于类体实现。显然，接口应该与实现该接口的类体集成在一个构件中，而不是分离开来。

3. 建模举例

（1）建立基本物理框架。

构件建模时首先需要考虑的是程序系统的基本物理框架。一般认为，这个基本的物理框架可建立在程序系统基本的逻辑框架上。

图 9.50 所示的商品销售系统基本构件图即是以图 9.27 中的逻辑框架为建模依据。

图 9.50　商品销售系统基本构件图

（2）细化与完善物理框架。

一般看来，程序系统基本物理框架只能考虑到业务级构件。

可以说，业务级构件还不足以支持程序系统结构的创建，而必须要有进一步的细化，以达到功能级、数据级构件建模。

例如，图 9.50 中的"商品订购服务"构件，其核心功能是建立订单、管理订单，因此，包含有"订单类"及其相关的"订单细目类""订单列表类"。然而，该图中的"订单配送服务"构件与"订单结算服务"构件，由于涉及订单检索，因此，也要引用到"订单类""订单细目类""订单列表类"，并且这两个构件有可能需要单独部署。

显然，更加合理的方案是将"订单类""订单细目""订单列表类"从"商品订购服务"构件中抽出，单独建立"订单构件"供需要用到这些类的其他构件引用。

基于上述思路，可对基本框架做进一步完善。图 9.51 所示的构件图就是经过进一步细化与完善所得，其对构件有了更全面的考虑，并且每个构件有了更加明确的物理特征，可与某个具体的文件或文件包对应。

图 9.51　完善后的"商品销售系统"构件图

9.7.2　系统部署图

建立起来的程序系统还需要安装部署到计算机上，才能投入使用。部署图即可说明程序系统的安装部署，可反映程序系统运行时各种将驻留或执行程序的计算机设备之间的物理关联。

部署图中的主要图形元素有：

- 节点。立方体，表示驻留程序的计算机设备，如应用服务器、数据库服务器、Web服务器、前端客户机、网络路由器、外部存储器。
- 关联。节点之间的连线，表示计算机设备之间的连接通信。

部署图建模需要以节点为核心。一般看来，节点是软件系统工作时容留构件实例的容器，或者说是诸多构件的运行空间。极端情况下的系统可能只有一个节点，例如，集中式结构。通常，这样的系统无须部署图说明安装部署。

然而，更多情况下，系统涉及了许多节点，并且基于节点及节点之间的关联形成分布式构架，其中的每一个节点是一个驻留有程序的分布式单元。对于这样的系统，必须要有部署图说明来安装部署。

　　系统部署还需要说明系统需求的最终实现。因此，在系统部署时，还必须考虑到系统的实际应用状况，考虑到系统工作时的现实设备状况。

　　图 9.52 所示是"商品销售系统"部署图，其涉及的设备有数据库服务器、业务服务器、Web 服务器，以及诸多业务操作前端设备。该系统还考虑了基于三层构架建立的分布式应用，考虑对顾客订购、订单配送建立基于互联网的 Web 服务，以方便顾客或配送点在没有安装客户端程序的情况下也能较好地应用到该系统。

图 9.52　"商品销售系统"部署图

小　　结

1. UML 建模语言

UML 是统一建模语言，有统一的语法规则、语义规则与语用规则，并可从多个不同视角建立软件模型。

UML 建模过程的特点是：用例驱动、以构架为中心、增量迭代。

UML 通过包实现了对模型的有效的一体化的管理。

2. 面向对象分析建模

（1）用例建模。

用例建模是面向用户需求的，能够反映系统的用户价值。

用例图中的基本元素有：

● 用例。用户业务级程序实例，使用椭圆图标表示。

● 参与者。可与系统进行主动交流的外部环境元素，使用人形图标表示。

● 交流。系统与用户之间的交互或通信，使用连线表示。

参与者之间可建立泛化关系，用例之间有泛化、延伸、包含关系。

（2）活动建模。

活动图用于描述系统动态过程，主要图形元素有活动、转换、起点、终点、判断、并发、同步、泳道等。

可使用活动图说明高层业务级活动，这通常涉及整个业务流程。也可针对每个用例进行活动建模，以反映用例的内部活动细节。

（3）实体类建模。

面向对象程序涉及控制类、边界类、实体类，分析中主要考虑的是实体类。

类分析建模的首要工作是发现实体类。可使用名词搜索法发现候选类，然后再从候选类中筛选出实体类。

实体类所代表的数据相互之间通常有一定的关系。依靠这种关系可形成有组织的程序数据结构。实体类之间的主要数据关系有关联、聚集、泛化。

3. 面向对象设计建模

结构化程序设计以功能为依据，并以实现功能为目标。面向对象程序则有与结构化程序不同的内部构造与运行机制，因此，需要有不同于结构化程序的专门的设计方法的支持。

面向对象程序是以实体为依据，并基于实体及其控制确定程序结构，还需要考察对象行为，说明对象动态行为过程。

UML 可提供面向对象设计建模。所涉及的模型有设计类图、状态图、协作图、时序图、构件图、部署图。设计建模应是合乎逻辑的推论，并需要从逻辑结构、动态过程与物理结构 3 个方面建模。

4. 系统逻辑结构设计

系统构架是构造程序系统的基本框架，需要优先考虑。分层构架是一种常用的构架模式，其特点是程序系统按功能支持分层构建，如应用层、中间件层、系统层等。

应用程序框架涉及程序构造。一个复杂的程序系统可被划分为诸多相对简单的任务子系统。这样的任务子系统大多有一定的独立性，并是搭建程序框架的基本元素。

类体则是构造程序的基本元素。设计中将涉及以下类：实体类、控制类、边界类、数据库环境类等。其中，实体类体现数据，控制类体现过程控制，边界类体现交互，数据库环境类体现对数据库的访问。

程序逻辑结构主要通过设计类图反映，它是面向对象程序结构设计的核心内容。其中，分析中已经建立的类图可迁移到设计中来，以此启动类图设计。

然而，从分析类图转换而来的程序结构只是全部程序结构中的一部分，并不足以支持程序系统构建。设计需要有对类体及其关系更全面的建模，一种合乎逻辑的设计思路是基于用例完善程序结构，也就是用例驱动。

用例是一个可被用户直接体验的完整功能单元，并涉及诸多方面的类的集成，因此，可基于用例建立更加完整的类关系模型。

5. 程序对象交互设计

面向对象程序设计中，还需要有基于对象的动态过程建模说明。所涉及的动态过程模型有协作图、时序图、状态图。

协作图可说明对象之间的动态交互。协作图建模也将依靠用例驱动。已经获得的基于用例的类关系模型可作为协作建模的结构背景，由此可获取到有关对象的协作框架。

时序图也是针对对象的动态行为建模，但基于对象生命线说明对象的交互，因此，有比协作图更加直观清晰的时序说明。

状态图可描述对象状态及其迁移。通常，状态图中的对象是一个取自系统的个体元素。因此，在对某个对象进行状态考察时，无须过多地考虑它与其他对象的交互。

一个涉及用户业务的对象状态图，需要从业务全局考察对象状态及其迁移。因此，可能跨越不同的程序进程，甚至可能贯穿对象的全部生命历程。

6. 系统物理装配与部署

构件图是软件系统物理建模，用于反映软件系统基于构件的物理集成与装配。

部署图可说明程序系统的安装部署，可反映程序系统运行时各种将驻留或执行程序的计算机设备之间的物理关联。

习　题

1. 某图书借阅管理系统需求说明如下：

（1）管理员应该建立图书书目，以提供图书检索的便利。一条书目可有多本相同 ISBN 号的图书，每一本图书只能对应一个书目。

（2）图书可被读者借阅。读者在办理图书借阅时，管理员应该记录借书日期，并记录约定还书日期，以督促读者按时归还。一个读者可借阅多本图书，一本图书每次只能被一个读者借阅。

（3）图书将由管理员办理入出库。图书入出库时，应该记录图书状态变更，如存库、外借，并记录变更日期。一个管理员可办理多本图书入出库，但一本图书的某次入出库办理必须由确定的管理员经手。

试以上述说明为依据，对该问题进行用例建模、活动建模、类分析建模。

2. 某商品库存管理系统需求说明如下：

（1）计划部、库房部、采购部、销售部将使用该系统。

（2）计划部负责编制商品库存计划，涉及品名、库存上限、库存下限。

（3）采购部需要依据商品库存情况与商品库存计划编制商品订购单。

（4）销售部需要依据商品库存情况编制商品提货单。

（5）库房部负责商品入出库操作，并凭商品订购单入库，凭商品提货单出库。

（6）商品入出库时，需要写入出库记录到商品流通表，并更新商品库存量。如果某商品库存量低于计划下限，则将会自动通知采购部订货。

（7）系统有针对部门的授权机制和针对工作人员的注册机制，并由系统管理员负责授权与注册。

试以上述说明为依据，对该问题进行用例建模、活动建模、类分析建模。

3. 某银行储蓄系统需求说明如下：

（1）开户。客户可填写开立账户申请表，然后交由工作人员验证并输入系统。系统会建立账户记录，并会提示客户设置密码（若客户没做设置，则会有一个默认密码）。如果开户成功，系统会打印一本存折给客户。

（2）密码设置。在开户时客户即可设置密码。此后，客户在经过身份验证后还可以修改密码。

（3）存款。客户可填写存款单，然后交由工作人员验证并输入系统。系统将建立存款记录，并在存折上打印该笔存款记录。

（4）取款。客户可按存款记录逐笔取款，由客户填写取款单，然后交由工作人员验证并输入系统。系统首先会验证客户身份，根据客户的账户、密码对客户身份进行验证。如果客户身份验证通过，则系统将根据存款记录累计利息，然后注销该笔存款，并在存折上打印该笔存款的注销与利息累计。

试以上述说明为依据，对该问题进行用例建模、活动建模、类分析建模。

4．某网上考试系统需求说明如下：

（1）登录系统。教师或考试的学生可凭借已有的统一身份登录网上考试系统。

（2）组卷。教师登录系统后可对所任教课程进行组卷，涉及的功能有选题、生成试卷、提交试卷。其中，选题时的待选试题来自公共题库，生成的试卷在提交后保存到考卷库，以供考试时使用。

（3）考试。考试的学生登录系统后可对所学课程进行考试，涉及的功能有选择课程、导入试卷、答卷、提交试卷。系统会根据学生所选课程从考卷库中导入试卷，学生完成的答卷可通过提交保存到答题库，以供评卷时使用。

（4）评卷。教师登录系统后可对所任教课程进行评卷，涉及的功能有导入答卷、评阅答卷、提交成绩。系统将从答题库中导入答卷，并通过评阅产生成绩，结果可通过提交保存到成绩库，以供成绩输出、查询。

试以上述说明为依据，对该问题进行用例建模、活动建模、类分析建模。

5．某指纹门禁控制系统涉及的类体有电控锁、指纹感应、开锁控制、开锁人授权。

（1）电控锁。实体类，有 rating 和 state 两个属性，分别代表权限等级（如 1、2、3）和当前状态（如 0 为关闭，1 为打开）。

● get_state()方法：用于获取当前状态值。

● up_state()方法：用于改变当前状态并返回变更结果，rating 参数用于提供用户授权等级，只有 rating 参数大于或等于 rating 属性值，才能改变当前状态。

（2）指纹感应。边界类，通过 touch()事件接收来自指纹感应器的开锁人触摸。

（3）开锁控制。控制类，通过 openLoke()方法控制开锁流程，并返回开锁结果提示。

（4）开锁人授权。数据库环境类，通过 readRating()方法来从后台数据库中返回开锁人授权等级。如果没有该开锁人的指纹记录，则返回-1。

上述类体关系如图 9.53 所示。

下面是对其工作机制的说明：

（1）开锁人通过触摸指纹感应器而触发指纹感应类对象的 touch()事件，由此向开锁控制类对象发送 openLock()消息。

（2）开锁控制类对象向电控锁类对象发送 get_state()消息，以获取电控锁类对象当前的 state 属性值。如果电控锁类对象的 get_state()消息返回的 state 属性值为 1，则开锁控制类对象的 openLock()消息将继续向指纹感应类对象返回"锁已开！"的提示。

图 9.53　电控锁类体关系

（3）当电控锁类对象的 get_state()消息返回的 state 属性值为 0 时，则开锁控制类对象将向开锁人授权对象发送 readRating()消息，以获取开锁人授权等级。如果没有该开锁人的指纹记录，则返回-1，并由开锁控制类对象的 openLock()消息向指纹感应类对象返回"无效指纹！"提示。

（4）当开锁人授权对象的 readRating()消息返回了有效的授权等级时，则开锁控制类对象将继续向电控锁类对象发送 up_state()消息，以改变 state 属性值，并返回 state 属性值。如果返回 1，则经开锁控制类对象的 openLock()消息向指纹感应类对象返回"锁已开！"的提示。如果返回 0，则再经开锁控制类对象的 openLock()消息向指纹感应类对象返回"不够授权！"的提示。

要求以上述工作机制说明为依据，建立有关对象的协作图、时序图，以提供直观清晰的程序动态过程模型描述。

6．习题 1 已要求完成某图书借阅管理系统分析建模，请在已建分析模型的基础上对该系统进行设计建模，如设计类图、协作图、时序图、状态图、构件图。

7．习题 2 已要求完成某商品库存管理系统分析建模，请在已建分析模型的基础上对该系统进行设计建模，如设计类图、协作图、时序图、状态图、构件图。

8．习题 3 已要求完成某银行储蓄系统分析建模，请在已建分析模型的基础上对该系统进行设计建模，如设计类图、协作图、时序图、状态图、构件图。

9．习题 4 已要求完成某网上考试系统分析建模，请在已建分析模型的基础上对该系统进行设计建模，如设计类图、协作图、时序图、状态图、构件图。

第 10 章　面向对象工程案例

软件工程重在实践，并且只有通过工程应用才能体现其工程价值。本章提供了一个面向对象工程案例，以为软件工程课程实践学习提供便利。该实例有较完整的基于 UML 的面向对象分析与设计建模，并且已经基于 Java、C++给予了较完整的编程实现，是对软件工程具体应用的直观说明，能对软件工程实践提供具有价值的案例指导。

- 系统分析
- 系统设计
- 程序框架清单

10.1　系统分析

10.1.1　基本需求说明

1. 基本用途

中国象棋双人远程对弈。

2. 功能需求

（1）登录系统，包括远程服务器连接、玩家身份验证。

（2）棋局对弈，包括开局、走棋、悔棋、求和、认输、封盘、续盘等与棋局有关的操作控制。

（3）棋局信息处理，包括已下棋局的保存、查询、复盘打谱。

3. 交互需求

（1）界面仿真中国象棋棋盘。

（2）界面美观易用、不凌乱，画面精巧，图片细致，色调调配符合审美标准。

（3）交互简而不漏，提示到位而不繁杂。

（4）用户操作时不应该感觉到延时，不应该感觉到界面闪烁。

10.1.2　功能用例分析

图 10.1 所示为玩家登录系统用例建模，涉及参与者 Player（玩家）、Client（客户端）、Server（服务器），涉及用例 Login（登录系统）、Connect（连接服务器）。其中，Login 包含 Connect，并通过 Connect 实现 Client 到 Server 的连接。

图 10.2 所示为客户端/服务器远程消息接收发送用例建模。其中的参与者 Client（客户端）拥有 MessageReceiver（消息接收者）和 MessageSender（消息发送者）两种身份，但在一次通

信中只有其中的一种。用例则有 ReceiveMessage（接收消息）和 SendMessage（发送消息），分别用于从 Server（服务器）接收消息和向 Server（服务器）发送消息。

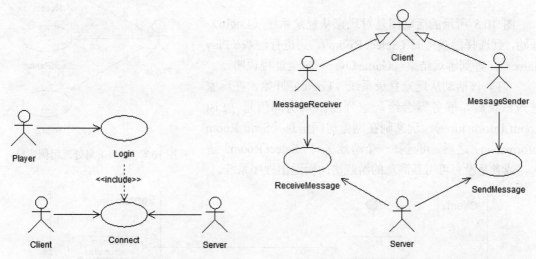

图 10.1　玩家登录系统用例建模　　　　图 10.2　客户端/服务器远程消息接收发送用例建模

图 10.3 所示为棋局对垒时的用例建模。有 Player（玩家）和 Rival（对手方）两个参与者，并有多个用例。其中的 SelectChessman（选子）用例可泛化为 SelectOwnChessman（选择自己方棋子）和 SelectRivalChessman（选择对手方棋子）两个更具体的用例；MoveChessman（移动棋子）是玩家对自己棋子的操作；KillRivalChessman（吃棋）是玩家对对手方棋子的操作；StartGame（开局）、MakePeace（求和）、悔棋（Undo）、TakeBreak（封盘）、Continue（续盘）等则涉及与对手方的协作。

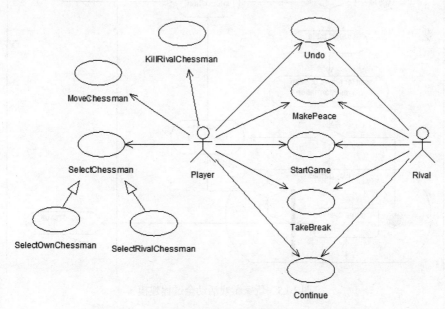

图 10.3　棋局对垒用例建模

图 10.4 所示为棋局信息处理用例建模。涉及 Record（记录棋局）、LoadReply（载入待复

牌的棋局）和 Replay（棋局复盘）等用例。

10.1.3 任务活动分析

图 10.5 所示的活动图是对玩家从登录系统（Login）开始，到选择游戏房间（Select Room），到进行游戏（Play Games），直到游戏结束（Game Over）的全过程说明。

（1）该活动从玩家登录系统（Login）开始，在玩家进入系统后，服务器会给玩家列出游戏房间信息（List Room Information），玩家则在浏览房间信息（Scan Room Information）之后，可选择一个游戏房间（Select Room）进入，或者是没有可用且满意的游戏房间而退出程序系统。

图 10.4　棋局信息处理用例建模

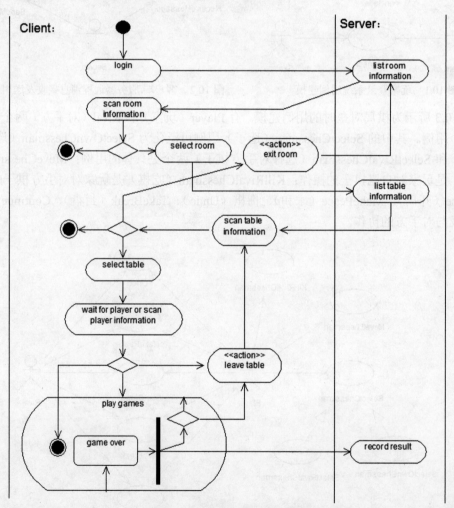

图 10.5　玩家游戏活动全过程建模

（2）在玩家进入游戏房间之后，服务器会给进入房间的玩家列出该房间的游戏桌信息（List Table Information），玩家在浏览游戏桌信息（Scan Table Information）之后，可选择其中的一个游戏桌坐下（Select Table），或者是在没有可用且满意的游戏桌时选择离开该房间（Exit Room）或退出程序系统。若玩家选择了一个游戏桌坐下，则需要等待其他玩家加入游戏并成为对手；若玩家选择了离开该房间，则服务器会再次列出房间信息。

（3）当玩家选择了一个游戏桌并且已有其他玩家加入为对手后，则玩家可浏览对手信息。如果玩家不满意对手，可离开游戏桌（Leave Table）并重新浏览游戏桌信息；如果满意对手，则可进行游戏（Play Games）。

（4）如果玩家与对手之间的游戏结束（Game Over），则服务器会记录游戏结果，同时玩家可以选择继续游戏或者离开游戏桌。

10.2　系统设计

10.2.1　系统构架设计

该系统基于客户端/服务器模式构建，因此，考虑建立客户端子系统与服务器子系统两个程序系统，其系统构架如图 10.6 所示。

图 10.6　系统构架设计建模

1．GameClient（客户端子系统）

客户端子系统的功能是：

（1）棋局对垒中的交互处理与控制。

（2）游戏过程中的通信处理与控制。

为方便客户端程序的安装与运行，该子系统将基于 Java 平台实现。

2．GameServer（服务器子系统）

服务器子系统的功能是：

（1）客户通信集中控制。

（2）客户信息集中管理。

为获得较高的服务性能，该子系统将基于 C++平台实现。

10.2.2　类结构设计

1．GameClient（客户端子系统）

首先是分析该子系统的象棋对垒时的棋局交互处理与控制功能，将涉及以下几方面的核心类体。

● 界面类：提供操作界面和控制菜单。

● 盘面类：对弈的操作平台，核心结构。

● 棋子类：提供行棋的合法操作。

● 存储类：提供保存的棋局信息。

图 10.7 所示为该功能实现的类结构建模，其中 ChessBoard 为棋盘类，Chessman 为棋子类，ChineseChess 为运行窗类，Save 为棋局存储格式类。

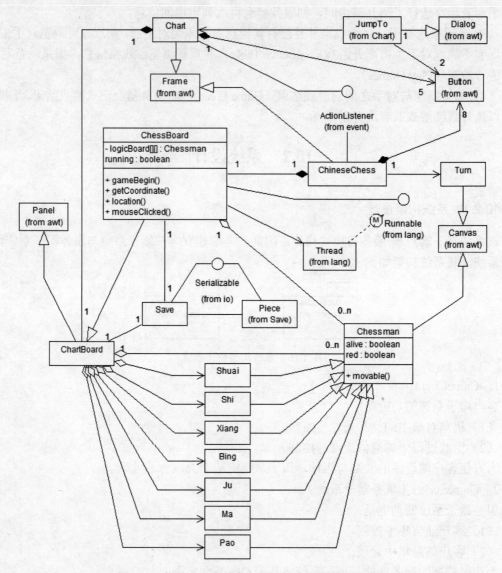

图 10.7　棋局对垒中的交互处理与控制的类结构建模

接下来是游戏过程中的通信处理与控制。图 10.8 所示为该功能实现的类结构建模，其中 Login 为登录窗类，Room 为游戏房间类，Socket 为套接字类，ClientWindow 为带网络连接的客户端运行窗类，它是 ChineseChess 的子类，Runnable 为多线程接口。

2. GameServer（服务器子系统）

图 10.9 所示为该子系统的类结构建模，其中 ServerMain 为服务器主线程，IOCompletionPort 为完成端口，COMPLETIONKEY 为完成键，存储客户信息（如套接字），PER_IO_OPERATION_DATA 为 IO 操作数据，存储每一次 IO 操作所需的信息，WINSOCK2 集中了各种可用的 Windows 操作系统网络通信 API，Umx_Pack 为通信消息包类，LockCycQueue<Msg> 为存储元素为 Msg

的多线程安全循环队列类，Msg 为消息类，USER 为用户信息类，CRITICAL_SECTION 为临界段类。

图 10.8　游戏过程中的通信处理与控制的类结构建模

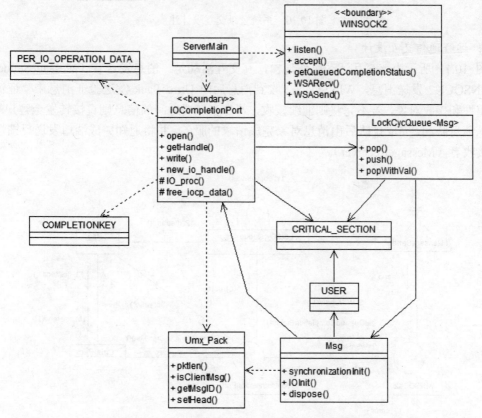

图 10.9　GameServer 服务器子系统的类结构建模

10.2.3　对象交互设计

该系统以分析用例为任务单元，逐个完成有关对象的交互设计，包括系统登录、客户通信、棋局对弈、棋局复盘等用例的对象交互设计。

1. 登录系统交互设计

图 10.10 所示为该交互活动协作建模，其交互活动是：Client（客户端）向服务器发送登录消息。该消息由预先处于监听状态的 WINSOCK2 接收，并返回客户端套接字（ClientSocket）给服务器主线程（ServerMain）。接着，主线程向完成端口（IOCompletionPort）发出建立新 IO 句柄的消息，完成端口在接到消息后向 WINSOCK2 投递接收客户端消息的请求（WSARecv）。

图 10.10 系统登录交互设计建模

2. 远程通信交互设计

图 10.11 所示为该交互活动协作建模，其交互活动是：消息发送者（MessageSender）先向 WINSOCK2 发送消息，WINSOCK2 收到消息后向 Umx_Pack 发送验证消息来验证消息包的完整性和接收对象，若不完整则继续接收，若为客户端之间的信息则直接转发至客户端，否则送入消息队列，完成排队后由消息对象完成请求的服务，并将通知完成端口发送反馈消息给消息接收者（MessageReceiver）。

图 10.11 远程通信交互设计建模

3. 棋局对弈交互设计

棋局对弈涉及开局、选子、移子、吃子、悔棋等诸多操作，这些操作都有一定的复杂性，都会成为棋局对弈用例包含的子用例。因此，为使设计能对编程提供良好的支持，棋局对弈设计有必要深入到其所包含的子用例层面。也就是说，有必要按照开局、选子、移子、吃子、悔棋分别建模说明交互。如图 10.12 至图 10.16 所示的时序图即为对应这些交互活动设计的建模。

图 10.12　棋局对垒时开局交互设计建模

图 10.13　棋局对垒时选子交互设计建模

图 10.14　棋局对垒时移子交互设计建模

图 10.15　棋局对垒时吃子交互设计建模

图 10.16　棋局对垒时悔棋交互设计建模

4. 棋局复盘交互设计

图 10.17 所示为棋局复盘交互活动的协作建模。

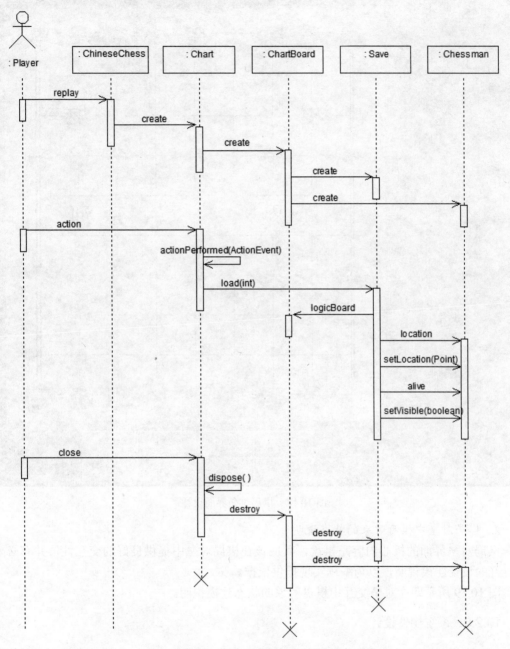

图 10.17　棋局复盘交互设计建模

10.2.4　棋局对垒界面设计

1. 棋局对垒界面图

棋局对垒界面以交互需求为设计依据，即仿真中国象棋棋盘，且美观易用、不凌乱。图

10.18 所示即为其设计的界面。

图 10.18　棋局对垒界面设计

2. 棋局对垒中棋盘对象的状态说明

棋局对垒界面的核心内容是棋盘，其应该在棋局对垒中提供良好的交互性，并有必要提供良好的设计建模说明，以为编程实现提供依据。

图 10.19 所示即为对垒交互中棋盘对象的状态建模说明。

10.2.5　系统构件设计

该程序系统以其构架设计为依据进行物理构建，并通过以下 3 个构件进行物理封装，其设计建模如图 10.20 所示。

- GameClient.jar：客户端棋局对垒与游戏信息处理程序。
- ClientNetConnection.jar：客户端网络连接程序。
- GameServer.exe：服务器游戏服务支持程序。

图 10.19　棋盘对象在对垒交互中的状态建模说明

图 10.20　系统构件设计建模

10.3　程序框架清单

10.3.1　客户端程序

```
public abstract class Chessman extends Canvas
{
    public static int size;
```

```
            static ChessBoard chessBoard;
            public boolean red,alive=true;
            public byte id;
            public Point location;
            private ImageIcon in;
            public Chessman(ImageIcon in,byte id);
            public void paint(Graphics g);
            public abstract boolean movable(int x,int y);
            public abstract byte value();
        }
```

打谱运行窗类，运行窗的基类，实例提供打谱的操作界面。

```
    public class Chart extends Frame implements ActionListener
        {
            private static final long serialVersionUID = -974146707872975294L;
            int w,h;
            ChartBoard chartBoard;
            Button restart,last,next,to,load;
            public Chart(String s,Save current);
            public void paint(Graphics g);
            public void actionPerformed(ActionEvent e);
            class JumpTo extends Dialog implements ActionListener
                {
                    private static final long serialVersionUID = 4343903860783201950L;
                    TextField input=new TextField(4);
                    Button to=new Button("跳转"),cancel=new Button("取消");
                    String toStep=null;
                    public JumpTo(Frame f,String s);
                    public void actionPerformed(ActionEvent e);
                }
        }
```

运行窗类，主界面，实例提供对弈所需功能的操作界面。

```
    public class ChineseChess extends Frame implements ActionListener
        {
            private static final long serialVersionUID = -6686759561145449949L;
            protected int w,h;
            protected ChessBoard chessBoard;
            public Button start,regret,beg,giveUp,chart,suspend,saveGame,load,set;
            public Turn chessBlack,chessRed;
            protected Frame opened=null;
            public ChineseChess(String s);
            public void close();
            public void paint(Graphics g);
            public void actionPerformed(ActionEvent e);
        }
```

演示盘类，棋盘类的基类，打谱时用的棋盘。

```
    public class ChartBoard extends Panel
```

```
    {
        private static final long serialVersionUID = 6976811080119704740L;
        protected static int w,h,r;
        protected static Chart window;
        public Point toCoordinate(final Point p);
        public Point toLocation(final Point p);
        protected int step,limitStep;
        protected boolean turn=true,check;        //真红假黑
        protected Label label[][]=new Label[90][8];
        protected Point jumpoffPoint=null,endPoint=null;
        protected Chessman logicBoard[][],chessman[];
        protected Ju bj[]=new Ju[2],rj[]=new Ju[2];
        protected Ma bm[]=new Ma[2],rm[]=new Ma[2];
        protected Pao bp[]=new Pao[2],rp[]=new Pao[2];
        protected Shuai jiang,shuai;
        protected Shi bs[]=new Shi[2],rs[]=new Shi[2];
        protected Xiang bx[]=new Xiang[2],rx[]=new Xiang[2];
        protected Bing bz[]=new Bing[5],rb[]= new Bing[5];
        public Save history;
        public ChartBoard();
        public ChartBoard(int width,int height,Save current);
        public void addLabel();
        public void changeTurn();
        public void chessmanMoved(Point a,Point b,boolean bool);
        public void paint(Graphics g);
    }
```

棋盘类，演示盘类的子类，对弈时用的棋盘。

```
    public class ChessBoard extends ChartBoard implements
    Runnable,MouseListener,MouseMotionListener
    {
        private static final long serialVersionUID = 5753667855531808718L;
        protected static ChineseChess window;
        public void test();
        public Point getCoordinate(int x,int y);
        public Point getCoordinate(final Point p);
        public Point location(int x,int y);
        public Point location(final Point p);
        public boolean reachable(int x,int y);
        public int step;
        protected int limitStep;
        protected boolean drag=false,running=false;    //真红假黑
        protected Thread thread;
        protected Chessman pickedUp=null,
            bringUp=null,redAttackForce[]=new Chessman[11],blackAttackForce[]=new Chessman[11];
        public ChessBoard(int width,int height);
        public void gameBegin();
```

```
        public void gameEnd(byte win,byte reason);
        public void mouseClicked(MouseEvent e);
        public void mouseDragged(MouseEvent e);
        public void mouseEntered(MouseEvent e);
        public void mouseExited(MouseEvent e);
        public void mouseMoved(MouseEvent e);
        public void mousePressed(MouseEvent e);
        public void mouseReleased(MouseEvent e);
        public void run();
        public boolean whiteFaceKilling();
        public boolean checked();
        public boolean checking();
        public boolean catching();
        public boolean legal();
        public boolean killed();
    }
```

远程对弈窗类，运行窗类的子类，在其基础上增加了网络连接和远程对弈的功能。

```
    public class ClientWindow extends ChineseChess implements Runnable
    {
        protected int w,h;
        protected MultiChessBoard chessBoard;
        protected Socket opponent;
        protected DataInputStream in;
        protected DataOutputStream out;
        protected Thread opponentThread;
        protected boolean ready=false,opponentReady=false;
        public ClientWindow(String s,boolean side,Socket socket) throws IOException;
        public void close();
        public void paint(Graphics g);
        public void actionPerformed(ActionEvent e);
        public void run();
        public synchronized void write(byte op,Point from,Point to,boolean check);
    }
```

远程对弈盘类，棋盘类的子类，在其基础上增加了远程对弈的功能。

```
    public class MultiChessBoard extends ChessBoard
    {
        public boolean side;
        protected static ClientWindow window;
        public MultiChessBoard(int width,int height,boolean side);
        public Point toCoordinate(final Point p);
        public Point toLocation(final Point p);
        public Point location(int x,int y);
        public Point location(final Point p);
        public void gameEnd(byte win,byte reason);
        public void gameEnd(byte win,String information);
        public void mouseClicked(MouseEvent e);
```

```
            public void mouseMoved(MouseEvent e);
            public void opponentStepped(Point from,Point to,boolean check);
    }
```

存盘类，实现棋局的保存格式和方式。

```
    public class Save implements Serializable
    {
            private static final long serialVersionUID = -4790784557769296459L;
            static ChartBoard chartBoard;
            static ChessBoard chessBoard;
            public int size=0;
            public boolean end=false,chart=false;
            public byte win=0;
            Piece   existent[]=new Piece[4000];
            public Save();
            public Save(boolean chart);
            public Save clone();
            public void load(int s);
            public void save();
            public byte iterance();
            class Piece implements Serializable
            {
                    private static final long serialVersionUID = 12739250414604111199L;
                    boolean check,turn;
                    Point jumpoffPoint,endPoint;
                    int limitStep;
                    byte logic[][]=new byte[10][10],number=0;
                    Piece();
            }

    }
```

登录窗类，远程对弈前登录到服务器的登录窗。

```
    public class Login extends Dialog implements ActionListener
    {
            static Socket socket=null;
            static ObjectInputStream objIn=null;
            static DataInputStream in=null;
            static DataOutputStream out=null;
            Button call=new Button("登录");
            TextField userName=new TextField(10);
            public Login(Frame f, String title,int x,int y);
            public void actionPerformed(ActionEvent e);
    }
```

房间类，显示房间信息的窗口类。

```
    public class Room extends Frame implements Runnable,ActionListener
    {
            public static ChineseChess playingWindow=null;
            TableButton button[]=new TableButton[80];
```

```
        String opponentName;
        InetAddress opponentIP;
        Socket opponent;
        public Room(String title) throws IOException,ClassNotFoundException;
        public void run();
        public void actionPerformed(ActionEvent e);
        class TableButton extends Button
        {
            int id;
            TableButton(int id);
            TableButton(String name,int id);
        }
    }
```

10.3.2 服务器程序

以下程序基于单身模式构建，即类只有一个对象实例。

```
    template<class T>
    class Singleton
    {
        public:
            static T * getIstance()
            {
                return instance?instance:instance=new T;
            }
        protected:
            Singleton()
            {
            }
            void free()
            {
                if(instance)
                {
                    delete[] instance;
                    instance=NULL;
                }
            }
            static T * instance;
    };
```

以下是采用单身模式定义的 IO 端口。

```
    typedef Singleton<IOCompletionPort> IOPort;
```

每个 IO 操作依附的数据：

```
    typedef struct
    {
        OVERLAPPED Overlapped;
        WSABUF DataBuf;
```

```
        char* Buffer;
        int BufferLen,*reference;        ///<Buffer 大小
        DWORD CompletedBytes;       ///完成字节数
        bool Flag;                          ////IO_FLAG_READ 为接收，IO_FLAG_WRITE 为发送
        LPCRITICAL_SECTION lockcore;
    }PER_IO_OPERATION_DATA,*LPPER_IO_OPERATION_DATA;
```

每个 IO 句柄依附的数据：

```
    typedef struct
    {
        unsigned int handle;
        long number;
    }COMPLETIONKEY,*LPCOMPLETIONKEY;
```

IO 完成端口类体：

```
    class IOCompletionPort
    {
          public:
        IOCompletionPort();
        virtual ~IOCompletionPort();
        int open();
        HANDLE getHandle();
        int write(unsigned int handle,const char* buf,int len,LPCRITICAL_SECTION cs=NULL,int *reference
    = NULL);
        int new_io_handle(unsigned int handle,long clientNo);
        //void CloseIOHandle(unsigned int handle);
          protected:
        DWORD WINAPI IO_proc(void *param);
        void free_iocp_data(LPCOMPLETIONKEY lpCompletionKey,
            LPPER_IO_OPERATION_DATA lpPerIoData);
        LockCycQueue<Msg>   *msgManager;
        HANDLE   handle_,threadHandle[16];
        set<unsigned int> socket_handles_;        ///<保存所有的连接句柄，用于析构时释放
        DWORD   dwNumberOfProcessors;
        CRITICAL_SECTION   lockcore;
    };
```

参考文献

[1] Roger S.Pressman. 软件工程：实践者的研究方法[M]. 6 版. 郑人杰，马素霞，白晓颖，译. 北京：机械工业出版社，2008.

[2] Ivar Jacobson，Grady Booch，James Rumbaugh. 统一软件开发过程[M]. 周伯生，译. 北京：机械工业出版社，2002.

[3] Grady Booch，James Rumbaugh，Ivar Jacobson. UML 用户指南[M]. 邵维忠，译. 北京：机械工业出版社，2001.

[4] Leszek A.Maciaszek. 需求分析与系统设计[M]. 金芝，译. 北京：机械工业出版社，2003.

[5] Shari Lawrence Pfleeger. 软件工程：理论与实践[M]. 2 版. 吴丹，史争印，唐忆，译. 北京：清华大学出版社，2003.

[6] 覃征. 软件体系结构[M]. 西安：西安交通大学出版社，2002.

[7] Edward Yourdon，Carl Argila. 实用面向对象软件工程教程[M]. 殷人昆，译. 北京：电子工业出版社，1998.

[8] Karl E.Wiegers. 软件需求[M]. 陆丽娜，译. 北京：机械工业出版社，2000.

[9] 曾强聪，赵歆. 软件工程原理与应用[M]. 2 版. 北京：清华大学出版社，2016.

[10] 曾强聪，赵歆. 软件工程方法与实训[M]. 北京：高等教育出版社，2010.

[11] 阳王东，曾强聪，吴宏斌. 软件项目管理方法与实践[M]. 北京：中国水利水电出版社，2009.

[12] 朱铭，曾强聪. Visual C++6.0 程序项目案例教程[M]. 北京：中国水利水电出版社，2018.